格致方法·定量研究系列　吴晓刚　主编

固定效应回归模型

[美] 保罗·D.埃里森(Paul D. Allison) 著

李丁 译

SAGE Publications ,Inc.

格致出版社　上海人民出版社

出版说明

由香港科技大学社会科学部吴晓刚教授主编的"格致方法·定量研究系列"丛书，精选了世界著名的 SAGE 出版社定量社会科学研究丛书，翻译成中文，起初集结成八册，于 2011 年出版。这套丛书自出版以来，受到广大读者特别是年轻一代社会科学工作者的热烈欢迎。为了给广大读者提供更多的方便和选择，该丛书经过修订和校正，于 2012 年以单行本的形式再次出版发行，共 37 本。我们衷心感谢广大读者的支持和建议。

随着与 SAGE 出版社合作的进一步深化，我们又从丛书中精选了三十多个品种，译成中文，以飨读者。丛书新增品种涵盖了更多的定量研究方法。我们希望本丛书单行本的继续出版能为推动国内社会科学定量研究的教学和研究作出一点贡献。

总　序

　　2003 年,我赴港工作,在香港科技大学社会科学部教授研究生的两门核心定量方法课程。香港科技大学社会科学部自创建以来,非常重视社会科学研究方法论的训练。我开设的第一门课"社会科学里的统计学"(Statistics for Social Science)为所有研究型硕士生和博士生的必修课,而第二门课"社会科学中的定量分析"为博士生的必修课(事实上,大部分硕士生在修完第一门课后都会继续选修第二门课)。我在讲授这两门课的时候,根据社会科学研究生的数理基础比较薄弱的特点,尽量避免复杂的数学公式推导,而用具体的例子,结合语言和图形,帮助学生理解统计的基本概念和模型。课程的重点放在如何应用定量分析模型研究社会实际问题上,即社会研究者主要为定量统计方法的"消费者"而非"生产者"。作为"消费者",学完这些课程后,我们一方面能够读懂、欣赏和评价别人在同行评议的刊物上发表的定量研究的文章;另一方面,也能在自己的研究中运用这些成熟的方法论技术。

　　上述两门课的内容,尽管在线性回归模型的内容上有少量重复,但各有侧重。"社会科学里的统计学"从介绍最基本的社会研究方法论和统计学原理开始,到多元线性回归模型结束,内容涵盖了描述性统计的基本方法、统计推论的原理、假设检验、列联表分析、方差和协方差分析、简单线性回归模型、多元线性回归模型,以及线性回归模型的假设和模型诊断。"社会科学中的定量分析"则介绍在经典线性回归模型的假设不成立的情况下的一些模型和方法,将重点放在因变量为定类数据的分析模型上,包括两分类的 logistic 回归模型、多分类 logistic 回归模型、定序 logistic 回归模型、条件 logistic 回归模型、多维列联表的对数线性和对数乘积模型、有关删节数据的模型、纵贯数据的分析模型,包括追踪研究和事件史的分析方法。这些模型在社会科学研究中有着更加广泛的应用。

修读过这些课程的香港科技大学的研究生,一直鼓励和支持我将两门课的讲稿结集出版,并帮助我将原来的英文课程讲稿译成了中文。但是,由于种种原因,这两本书拖了多年还没有完成。世界著名的出版社 SAGE 的"定量社会科学研究"丛书闻名遐迩,每本书都写得通俗易懂,与我的教学理念是相通的。当格致出版社向我提出从这套丛书中精选一批翻译,以飨中文读者时,我非常支持这个想法,因为这从某种程度上弥补了我的教科书未能出版的遗憾。

翻译是一件吃力不讨好的事。不但要有对中英文两种语言的精准把握能力,还要有对实质内容有较深的理解能力,而这套丛书涵盖的又恰恰是社会科学中技术性非常强的内容,只有语言能力是远远不能胜任的。在短短的一年时间里,我们组织了来自中国内地及香港、台湾地区的二十几位研究生参与了这项工程,他们当时大部分是香港科技大学的硕士和博士研究生,受过严格的社会科学统计方法的训练,也有来自美国等地对定量研究感兴趣的博士研究生。他们是香港科技大学社会科学部博士研究生蒋勤、李骏、盛智明、叶华、张卓妮、郑冰岛,硕士研究生贺光烨、李兰、林毓玲、肖东亮、辛济云、於嘉、余珊珊,应用社会经济研究中心研究员李俊秀;香港大学教育学院博士研究生洪岩璧;北京大学社会学系博士研究生李丁、赵亮员;中国人民大学人口学系讲师巫锡炜;中国台湾"中央"研究院社会学所助理研究员林宗弘;南京师范大学心理学系副教授陈陈;美国北卡罗来纳大学教堂山分校社会学系博士候选人姜念涛;美国加州大学洛杉矶分校社会学系博士研究生宋曦;哈佛大学社会学系博士研究生郭茂灿和周韵。

　　参与这项工作的许多译者目前都已经毕业,大多成为中国内地以及香港、台湾等地区高校和研究机构定量社会科学方法教学和研究的骨干。不少译者反映,翻译工作本身也是他们学习相关定量方法的有效途径。鉴于此,当格致出版社和SAGE出版社决定在"格致方法·定量研究系列"丛书中推出另外一批新品种时,香港科技大学社会科学部的研究生仍然是主要力量。特别值得一提的是,香港科技大学应用社会经济研究中心与上海大学社会学院自2012年夏季开始,在上海(夏季)和广州南沙(冬季)联合举办《应用社会科学研究方法研修班》,至今已经成功举办三届。研修课程设计体现"化整为零、循序渐进、中文教学、学以致用"的方针,吸引了一大批有志于从事定量社会科学研究的博士生和青年学者。他们中的不少人也参与了翻译和校对的工作。他们在繁忙的学习和研究之余,历经近两年的时间,完成了三十多本新书的翻译任务,使得"格致方法·定量研究系列"丛书更加丰富和完善。他们是:东南大学社会学系副教授洪岩璧,香港科技大学社会科学部博士研究生贺光烨、李忠路、王佳、王彦蓉、许多多,硕士研究生范新光、缪佳、武玲蔚、臧晓露、曾东林,原硕士研究生李兰,密歇根大学社会学系博士研究生王骁,纽约大学社会学系博士研究生温芳琪,牛津大学社会学系研究生周穆之,上海大学社会学院博士研究生陈伟等。

陈伟、范新光、贺光烨、洪岩璧、李忠路、缪佳、王佳、武玲蔚、许多多、曾东林、周穆之,以及香港科技大学社会科学部硕士研究生陈佳莹,上海大学社会学院硕士研究生梁海祥还协助主编做了大量的审校工作。格致出版社编辑高璇不遗余力地推动本丛书的继续出版,并且在这个过程中表现出极大的耐心和高度的专业精神。对他们付出的劳动,我在此致以诚挚的谢意。当然,每本书因本身内容和译者的行文风格有所差异,校对未免挂一漏万,术语的标准译法方面还有很大的改进空间。我们欢迎广大读者提出建设性的批评和建议,以便再版时修订。

我们希望本丛书的持续出版,能为进一步提升国内社会科学定量教学和研究水平作出一点贡献。

吴晓刚
于香港九龙清水湾

目 录

序

　　在最近一次会议上，我听了某研究者分析国家—年度（country-year）数据的报告，理应使用固定效应模型的，他用的却是随机效应模型。而那篇文章却受到了来自不同社会科学背景的学者的热烈欢迎。显然，在诸多社会科学专业里，就如何选用固定效应模型和随机效应模型还存在很多疑惑，很多人甚至还不清楚这些模型有何用处。无疑，埃里森讨论的是这两种模型更重要和一般的方面。本书将很好地满足"社会科学定量研究方法丛书"在这一主题上的需要，尤其是考虑到现在获得跟踪调查数据（panel data）越来越容易的现实①。

---

　　① 　Panel Data 在经济学文献中通常被翻译为面板数据（如《面板数据计量经济学》［*Panel Data Econometrics*］，曼纽尔·阿雷拉诺著，朱平芳、徐伟民译，上海财经大学出版社，2008 年 10 月）或综列数据（如《计量经济学：现代观点》，［美］J. M. 伍德里奇著，费剑平译，中国人民大学出版社，2003 年 3 月）。面板数据分析（Panel Data Analysis）与时间序列分析（Time Series Analysis）及横截面数据回归分析（Regression Analysis with Cross-Sectional Data）构成计量经济学的三大内容。其中，横截面数据是一个时点上收集的不同观察对象的数据，比方说，就一次人口普查来说就是一个截面研究；时间序列数据通常是一个观察单位在不同时点的观察结果构成的数据，如我国 1978 年以来，每一年的 GDP 的增长速度数据就构成一个时间序列数据。而 Panel Data 将这两种数据的特性综合在一起，首先在同一时点上对不同的案例（通常为总体中的（转下页）

上述国家—年度数据代表着这样一种数据类型，在这种数据中，个体案例得到了历时的（多次）观察。跟踪调查（panel survey）之所以近年来非常流行，一个重要的原因是跟踪数据允许研究者把握社会的发展变化，而把握这种变化是真正理解社会机制的必要条件。尽管有些跟踪调查每年都会观测一次，例如英国家户跟踪调查（British Household Panel Study Survey，BHPS）开始于 1991 年，目前仍在持续进行；其他一些则只有少数几轮调查，例如全美青少年健康跟踪调查（National Longitudinal Study of Adolescent Health in the United States）在 1994 年到 2002 年间只进行了三轮。

回归模型中，不管分析单位是个人、单位还是国家，每个案例在不同时点上的残差都将存在一定的相关或互相依赖，这通常是因为不同案例在某些未被观察到的特征上存在差异造成的。此时，回归模型有关误差项相互独立的假定被违背（尽管这个一般规律同样适应于限值因变量回归，但这里我们将讨论限定在线性模型上）。

固定效应模型和随机效应模型都能解决残差相关问题。但固定效应模型做得彻底得多。用埃里森的话说，这些模型"将每个个体作为其自身的控制"。经此处理，它们实际上就控制了所有稳定的、未被观测到的变量，就像这些变量实际得到了观测并被纳入模型一样。就此而言，这些模型所起的

（接上页）一个规模相对较小的子样本）的多个特征进行了观测；其次，对每一个案例在不同时点进行了多次观测；由此所得到的数据就是 Panel Data。面板数据这一翻译尽管因计量经济学而流传甚广，但"面板"的中文字义与英文 panel 含义相差甚远。Panel Survey 翻译成为面板调查显得笨拙，可翻译为小样本重复调查、固定样本长期追踪调查、追踪调查、纵贯调查或者历时调查等等。其中追踪调查或跟踪调查即带有在一段时间内对固定样本进行多次调查的含义。此外，根据艾尔·巴比的观点，Longitudinal Data 为历时研究，它包括趋势研究、队列研究和追踪研究三类。——译者注

作用和实验设计中的随机分配如出一辙。

　　本书作者在过去 30 年间为社会科学研究方法作出了持续的贡献,涉及诸多重要的主题。他撰写的《事件史分析》(*Event History Analysis*,1984),至今仍是社会科学领域介绍事件史数据分析著作的榜样和标准。确切地说,在本书中,埃里森介绍了多种形式的固定效应模型——可以用于连续因变量的、分类因变量的、计数因变量的甚至结构方程情境等——并且讨论了如何在固定效应模型及随机效应模型之间作出选择,这一讨论对于本序言开始时提及的那位报告人将大有裨益。

　　　　　　　　　　　　　　　　　　廖福挺

第 *1* 章

导　论

多年以来，统计学领域最具挑战性的议题，一直是如何创造一些方法以从非实验数据中进行有效的因果推论。而该议题内最难的问题，是如何从统计上控制无法观测的变量。对于实验主义者而言，问题的解决方案非常简单：随机分配（random assignment）。通过将研究对象随机分配到各个实验组（treatment group），可使这些小组在全部属性上几乎相同，不管这些属性是可观测的还是不可观测的。但是在非实验研究中，控制这些潜在干扰变量的传统办法就是测量它们，并把它们放到回归模型里。没有测量就没有控制。

在本书中，我描述了一些被称为固定效应模型的回归模型，这些模型使得我们有可能对那些没有或无法被测量的变量进行控制。基本的思想其实非常简单：用每个个体作为其自身的控制（因素）。例如，如果你想弄清婚姻是否能减少惯犯们（chronic offenders）的再犯行为（recidivism），可以通过对个体结婚前后遭拘捕的比率进行比较。假定其他情况都不变（这是一个很大的假定），前后两个时期拘捕率的差异可以作为婚姻对该个体产生的效果的估计。如果我们将人群中不同个体的这一差异进行平均，就能得到"平均处置效应"（average treatment effects）的估计值。这一估计控制了惯犯们所有的稳定属性。它同时控制了容易被测量的变量，诸如性别、民族、种族、出生地，以及更难被控制的变量，如智商、儿童期父母的照料情况、遗传结构等。虽然它不控制诸如就业状况、收入之类的时变变量，但这些变量通过常规的办法——对其进行测量并放入回归模型——就可以得到控制。

再举一个例子，假如你想研究打电脑游戏的时间是否会影响小孩的学习成绩。你在几个时点上对样本里的小孩都测量了这两个变量。针对每个小孩，都用打电脑游戏的时间对其学习成绩估计一个回归，然后将得到的回归参数进行平均，就可以完成一个基础的固定效应模型。因为只有小孩自身（within-child）的变化被用来估计回归参数，小孩的所有固定属性都得到了控制。

使用固定效应模型有两个基本的数据要求：第一，对于每一个个体，因变量至少要被测量两次。这些测量结果应该具有直接的可比性，也就是说，它们具有同样的意义和度量单位。第二，样本中应该有相当比例的案例的关键自变量在不同时点上的取值有所变化。固定效应模型在估计诸如性别、民族之类的非时变变量的作用效果上几乎毫无用处。当然，有些统计学家认为谈论这些变量的因果效应根本就毫无意义（Sobel，1995）。

为什么非得用一本书来介绍固定效应模型呢？第一，不同类型的因变量需要使用不同的方法，不管是定距的、定性的、计数的因变量，还是事件时间。第二，对于特定类型的因变量，通常有两种及以上的方法来使用固定效应模型，我们需要理解它们的异同。第三，也是最具挑战性的，若被测量的自变量并非"严格的外生(exogenous)变量"——例如,因变量在某个时点的取值会影响此后时点上自变量的取值——还需要求助于一些特殊办法(而且并非总能找到此类办法)。

"固定效应模型"这一概念经常与"随机效应模型"形成对照。很可惜,这一术语是众多误解和疑惑的起源。以传统的观点来看,固定效应模型将个体间未被观察的差异作为一套固定的参数,它们要么可以被直接估计出来,要么可以在估计方程中被抵消掉。而在随机效应模型中,未被观察的差异被处理成为具有特定概率分布的随机变量。

如果求助于有关实验设计的文献以解释这一差异,你会找到如下论述:

> 如果实验所用的处置水平恰好是推论所试图……的某几个水平时,通常把处置效应看做是固定的。如果试图推论的处置效应的范围比实验中所用的要大,或者处置水平并未经过有目的的选择……通常的做法是把处置水平看做是随机的(LaMotte,1983:138—139)。

然而,这种描述在非实验情境下是无益的,因为根据他们的建议,几乎在任何情境下随机效应模型都更为可取。没有什么比这更荒谬的了。

在更新近的框架下(Wooldrige,2002),未被观测的差异通常被当做随机变量。这时,将这两种模型区别开来的是已观测的变量与未被观测的变量之间的相关结构。在随机效应模型中,未被观测的变量被假定与所有观测变量之间不相关(或者,更严格地说,在统计上互相独立)。而在固定效应模型中,允许未被观测的变量与任何已观测的变量之间存在相关(这实际上相当于将未被观测的变量当做固定的参数)。除非你允许这样的相关,否则就不能真正控制这些未被观测变量的作用。正因如此,固定效应模型才有吸引力。

当然,固定效应模型也有一些潜在的严重不足。前面已经提到,传统的固定效应模型不能对恒定不变的变量产生任何估计。在本书中,我们将看到一些用来估计此类变量(如性别和民族)的效果的办法,但是这些估计结果实际上并没有真正控制不可观测的变量。

第二,在很多情况下,固定效应估计产生的标准误要比随机效应估计的大得多,从而导致更大的 P 值和更宽的置信区间。原因很简单,随机效应模型既使用了个体内信息,又使用了个体间信息,而固定效应估计只使用了个体内信息,在根本上忽略了个体间差异的信息。如果自变量取值在个体间存在很大差异,而在同一个体不同时点上的变化不大,那么固定效应估计将很不精确。

例如,用固定效应模型估计教育(受教育年数)对工资收入的影响就很困难。尽管受教育年限会有一定的变化,但绝大多数人是在完成了学业后才开始有工资的。一部分人进入劳动力市场后会争取继续教育,但相对于个体间的差异,同一个体不同时点的教育差异要小得多。另外,那些成年后教育水平仍然有所变化的人可能根本就不同于那些教育水平保持不变的人。

那我们为什么要抛弃个体间的变异呢?这是因为这些变异很可能与个体未被观测的属性混在一块。固定效应模型的思路是避免使用这些"被污染"的变异,而只使用那些能够对我们感兴趣的参数产生近似无偏估计的变异。用统计学的话说，我们牺牲了效率以减小偏差。在非实验研究中，我想这通常是值得的。不过，必须记住的是，固定效应模型无法控制随着时间而发生变化的未被观测的变量。例如，在探索婚姻对累犯的影响的研究中，结婚很有可能与收入的增加联系在一起。因此，除非收入变量被明确地纳入回归模型，否则，估计得到的婚姻的影响实际上将代表收入的影响。

有意思的是，固定效应方法经常被用在随机化的实验中，以提高效率（例如，减小抽样变异程度）而非减小偏误。在交叉设计中（Senn, 1993），每个研究对象会在不同的时点接受两次及以上的不同的实验处理，这些不同处理出现的先后顺序是随机选定的。因此，这些实验处理应该与实验对象之间未被观测到的差异不存在实质关联。此外，根据设计，自变量（实验处理）的所有变化都是个体内的，而不是个体间的，因此，忽略研究对象之间的差异并不会损失任何信息。实际上，因为没有将个体间的变异作为误差项的一部分，固定效应分析很可能产生理想的低标准误。

固定效应方法的另一个诱人之处在于，实现这些方法的软件已经随处可得。例如，对于第 2 章的基本线性模型，一般最小二乘法回归软件就够用了。而第 6 章的高级线性模型可以通过很多用来做结构方程模型的程序进行估计。第 3 章的 logstic 回归模型，如果是两期数据，常规的 logistic 程序就够用了。如果是多期数据，则可以用条件 logit 程序解决，这种程序在绝大多数综合性的统计软件包中都有。用于计数数据的固定效应模型（第 4 章）可以用常规的泊松或负二

项回归软件进行估计。最后,第 5 章的事件史模型可以用
Cox 回归标准程序或常规 logit 程序(在事件不重复发生的情
况下)进行估计。

要想从本书得到最大的收获,你应该已经对基本的统计
推论原则有所了解,包括标准误、置信区间、假设检验、p 值、偏
差、有效性,等等(Lewis-Beck,1995)。对于具体的章节,你应
该对作为固定效应方法基础的那些特定回归方法有所了解。
这些方法包括第 2 章的一般线性回归(Allison,1999b)、第 3
章的 logistic 回归(Allison,1999a;Pampel,2000)、第 4
章的泊松及负二项回归(Dunteman & Ho,2005)、第 5 章的 Cox 回归
(Allison,1984)以及第 6 章的线性结构方程模型(Long,
1983)。

第 2 章到第 5 章例题的运算我用的是 Stata 软件(www.
stata. com),它有大量用于固定效应回归的命令。这些章节
所有例题的 Stata 命令在附录 1 中都可以找到。第 6 章使用
的是 Mplus 软件(www. statmodel. com),这一章的命令见附
录 2。本书的部分内容来自于笔者此前在 SAS ®出版社出
版的《用 SAS 对纵贯数据进行固定效应回归分析》一书
(*Fixed Effects Regression Methods for Longitudinal Data
using SAS ®*,2005,SAS Institue Inc.)。希望了解如何用
SAS 进行固定效应分析的读者可以参看该书。

第 **2** 章

线性固定效应模型：基本原理

在这一章,我们讨论的固定效应模型,要求数据中的因变量为定距测量变量,并且因变量与自变量之间是线性决定关系。在数据中,我们有一组个体($i = 1, \cdots, n$),并且每一个体都至少在两个时点($t = 1, \cdots, T$)上得到测量。在这里,每一时点常被称为一个"时期"。

下面是模型的表示方法:我们令 y_{it} 表示因变量,用向量 x_{it} 表示一套在不同时点有所变化的自变量,另外还有一套不随时间变化的自变量 z_{it}(如果你觉得使用向量不舒服,可以把它们当成单变量来解释)。我们为 y 建立的基本模型如下:

$$y_{it} = \mu_t + \beta x_{it} + \gamma z_i + \alpha_i + \varepsilon_{it} \qquad [2.1]$$

其中,μ_t 是截距,每一个时期都可以不同;β 和 γ 是系数向量。尽管方程 2.1 看起来像是严格的截面数据模型(strictly cross-sectional),但 x_{it} 向量要纳入时滞 x 变量(lagged versions of x),一点障碍也没有,只不过要求研究者必须至少有三期数据,才能估计一个一期时滞模型(a model with a lag of one period)。

在方程 2.1 中,两个"误差"项 α_i 和 ε_{it} 的特性表现有些不

同。每一个体在每个不同时点都有一个不同的 ε_{it};但 α_i 只在不同个体之间有所不同,不随时间变化而变化。这样,我们可以认为 α_i 代表着所有未被观测的非时变变量对于 y 的综合影响。相反,ε_{it} 代表每一时点上的纯粹随机变动。

现在,我要对 ε_{it} 做一个很强的假定,即每个 ε_{it} 的均值为 0,方差不变(对所有的 i 和 t),并且在统计上独立于所有其他因素(y 除外)。这些假定中,0 均值假定并不关键,只有在对截距进行估计时才有影响。方差不变的假定有时可以放松,以允许不同时点 t 上的方差有所差异。值得提醒的是,任意时点的 ε_{it} 都与任何其他时点的 x_{it} 独立,这意味着 x_{it} 是严格的外生变量。这一假定在某些情况下可以有所松动,但因此涉及的问题绝非无足轻重,也不单纯是技术性问题。在第 6 章我将讨论其中的一些问题。

至于 α_i,在传统的固定效应分析中,它被假定代表 n 个固定参数,它们要么可以被直接估计出来,要么可以通过某种方式从估计方程中消除掉。如第 1 章已经提到的,在这一章,我们将采用一种新的策略来理解 α_i,假定它代表的是一套随机变量。尽管我们会假定 α_i 和 ε_{it} 在统计上相互独立,但我们允许 α_i 与时变解释向量 x_{it} 之间的任意相关。另外,如果我们并不关心 γ,也可以允许 α_i 与 z_i 之间任意相关。此种相关的纳入把固定效应方法与随机效应方法区别开来,同时也才让我们敢说固定效应方法"控制"了不随时间变化而变化的不可观测变量。此刻,我们还不需要对 α_i 的均值和方差做任何假定。

第 1 节 ┃ **两期数据（固定效应分析）**

当变量只被观察两次（$T = 2$）时，方程 2.1 的估计非常简单。对应的两个方程分别为：

$$y_{i1} = \mu_1 + \beta x_{i1} + \gamma z_i + \alpha_i + \varepsilon_{i1}$$

$$y_{i2} = \mu_2 + \beta x_{i2} + \gamma z_i + \alpha_i + \varepsilon_{i2} \qquad [2.2]$$

从第二个方程中减去第一个方程，我们就得到了"一阶差分"（first difference）方程：

$$y_{i2} - y_{i1} = (\mu_2 - \mu_1) + \beta(x_{i2} - x_{i1}) + (\varepsilon_{i2} - \varepsilon_{i1}) \qquad [2.3]$$

这一方程可以被改写成：

$$\Delta y_i = \Delta \mu + \beta \Delta x_i + \Delta \varepsilon_i \qquad [2.4]$$

其中，Δ 表示差分值（difference score）。注意，α_i 和 γz_i 被从方程中"差分掉"了。这样，我们就不用再担心 α_i 及其与 Δx_i 之间的可能相关了。当然，从另一方面来讲，我们也就失去了估计 γ 的机会。由于x_{i1} 和 x_{i2} 分别都与 ε_{i1} 和 ε_{i2} 无关，可推出 Δx_i 与 $\Delta \varepsilon_i$ 也相互独立。这意味着通过对差分进行一般最小二乘（OLS）回归就能得到 β 的无偏估计。

现在让我们将这一方法用于实际数据。我们的样本来自全美青少年跟踪调查（National Longitudinal Survey of Youth, NLSY; Center for Human Resource Research, 2002）。[1]从原本要大得多的数据集中，我抽取了一个只包含581 个小孩的子样本，他们在 1990 年、1992 年及 1994 年都接受过调查。第一步，我们只考虑三个在三次调查中都得到测量的变量：

　　　　ANTI　反社会行为（取值范围 0 到 6）
　　　　SELF　自信水平（取值范围 6 到 24）
　　　　POV　如果家庭贫困则编码为 1，否则为 0

　　在此，我们先忽略中间一年（1992 年）的观察记录，只使用 1990 年和 1994 年的数据。分析的目标是对以 ANTI 为因变量[2]，SELF 和 POV 为自变量的线性方程进行估计：

$$\text{ANTI}_t = \mu_t + \beta_1 \text{SELF}_t + \beta_2 \text{POV}_t + \alpha + \varepsilon_t, \ t = 1, 2$$

$$[2.5]$$

　　通过如此表达这一模型，我们假定了某种特定方向的因果关系，具体而言，是 SELF 和 POV 影响 ANTI，而不是反过来。我们还假定了因果效应是同期发生的（SELF 和 POV 不存在时滞效应）。这两个假定在第 6 章中将会被放宽。最后，我们假定 β_1 和 β_2 在两个时期是一样的，不过这一假定很快就会被放宽。相反，我们让截距 μ_t 在各个时期有所不同，允许非 SELF 或 POV 变化结果的反社会行为的平均水平在不同时期有所变化。

　　作为开始，我们先用一般最小二乘回归分别对两个时期估计方程 2.5。结果呈现在表 2.1 的头两列。意料之中的是，在两个年份的数据中，贫穷都与较高水平的反社会行为有关，而自信与较低的反社会行为水平相关。两个年份的回归系数都非常相似。

这两个回归都没有对非时变变量（如性别、民族等）进行任何控制。但是，通过对差分进行回归，而不是将这类变量纳入方程，我们就能控制所有非时变自变量。对于每个小孩及每个变量，我们都用 1994 年的取值减去 1990 年的取值，然后用 ANTI 差分对 SELF 差分和 POV 差分做回归。POV 是虚拟变量，似乎不宜用一个值减去另一个值。但事实上，在这方面，虚拟变量可像任何其他变量一样处理。

差分回归的结果在表 2.1 的最后一列。尽管方程是以差分的形式估计的，但回归系数的解释和直接估计方程 2.5 时一样。它们表示某一年的每个变量对当年因变量取值的影响。对自信水平这一变量来说，差分方程估计得到的系数处于两个年份分开估计得到的系数之间，并且仍然高度显著。而贫困状况的回归系数则要小很多，并且在统计上不再显著。

表 2.1　反社会行为对自信水平及贫困状况的 OLS 回归

	1990		1994		差分值	
	系　数	标准误	系　数	标准误	系　数	标准误
截距	2.357**	0.384	2.888**	0.447	0.209**	0.063
SELF	−0.050**	0.019	−0.064**	0.021	−0.056**	0.015
POV	0.595**	0.126	0.547**	0.148	−0.036	0.128
R^2	0.05		0.04		0.02	

注：** $p < 1$。

　　固定效应估计结果与用其他方法估计得到的结果差异巨大的情况十分常见。在这个例子里,可能的解释之一是,两个年份分开回归得到的贫困效应估计是虚假的,反映的是贫困与某些影响反社会行为的非时变变量之间的相关。

　　当然,结论不能下得太过草率。只要常规回归产生的系数显著,而固定效应回归产生的系数不显著,就存在两种可能的解释:(1)固定效应系数从大小上看要小得多;(2)固定效应标准误大得多。正如前文已经提过的,固定效应回归系数的标准误通常比其他模型的标准误大,尤其是在自变量的历时变化很小时。事实上,贫困状况的变异主要存在于女孩之间,仅有 24% 的女孩在 1990 年到 1994 年期间脱离或陷入贫困境地(即发生过个体内的变化)。

　　不过,差分方程中贫困状况回归系数的标准误差不多,与 1990 年的一样,比 1994 年的甚至还小。因此,变异不足在这里并不成为问题。看来,在控制了非时变变量之后,贫困状况的影响确实有较大的衰退。总的经验是,一旦固定效应方法得到的 P 值与其他方法显著不同时,一定要同时检查系数及其标准误。

　　最后,可以看到截距 0.209 高度显著。这一系数表示:在自信水平及贫困状况未发生变化的情况下,一个人的反社会行为从时间 1 到时间 2 的变化量估计值。

第 2 节 | 两期数据差分法的扩展

　　方程 2.1 对应的基本固定效应模型可以被扩展，以允许 x 和 z 的影响在时间上存在差异。在两期数据情况下，我们可以将上述方程改写成每个时期的系数完全不同的方程：

$$y_{i1} = \mu_1 + \beta_1 x_{i1} + \gamma_1 z_i + \alpha_i + \varepsilon_{i1}$$

$$y_{i2} = \mu_2 + \beta_2 x_{i2} + \gamma_2 z_i + \alpha_i + \varepsilon_{i2} \qquad [2.6]$$

　　取一阶差分，合并同类项，得到：

$$y_{i2} - y_{i1} = (\mu_2 - \mu_1) + \beta_2 (x_{i2} - x_{i1}) + (\beta_2 - \beta_1) x_{i1}$$
$$+ (\gamma_2 - \gamma_1) z_i + (\varepsilon_{i2} - \varepsilon_{i1}) \qquad [2.7]$$

这一方程可以被改写成：

$$\Delta y_i = \Delta \mu + \beta_2 \Delta x_i + \Delta \beta x_1 + \Delta \gamma z_i + \Delta \varepsilon_i$$

　　关于这一方程，有三点值得注意。第一，和以往一样，α_i 被差分掉了，因此我们无需担心它的潜在干扰。第二，z 没有被消除，并且其系数向量等于两个时点对应系数向量之差。由此我们知道，回归系数在不同时期发生改变的非时变变量必须被明确地纳入方程。固定效应只能对作用不随时间变化而变化的非时变变量进行控制。第三,现在,方程含有自变量x_1,并且其回归系数等于两时期对应系数之差。因此,对于z和x_1来说,检验它们的系数等于0与检验$\beta_1 = \beta_2$或$\gamma_1 = \gamma_2$等价。

下面我们尝试将这一模型用于 NLSY 数据。该数据集还包括如下非时变变量,我们将把它们作为可能的解释变量:

BLACK	如果小孩是黑人则等于1,否则为0
HISPANIC	如果小孩是西班牙裔则等于1,否则为0
CHILDAGE	小孩在 1990 年的年龄
MARRIED	如果其母亲在 1990 年处于在婚状态则等于1,否则为0
GENDER	女孩等于1,男孩等于0
MOMAGE	小孩出生时母亲的年龄
MOMWORK	如果母亲 1990 年处于在业状态则为1,否则为0

前两个变量 BLACK 和 HISPANIC 分别代表一个三分类变量的两个类别,参照组为非西班牙裔白人。这 7 个变量将和自信水平及贫困状况的差分一起被纳入到反社会行为的差分方程中。一同被纳入模型的还有 1990 年测量的自信水平及贫困状况。

表 2.2 扩展差分模型的 OLS 估计

	系　数	标准误	p 值
截距	−0.550	1.360	0.6859
SELF 差异分	−0.060	0.020	0.0024
POV 差异分	0.031	0.156	0.8446
1990 年的 SELF	−0.018	0.025	0.4826
1990 年的 POV	0.121	0.178	0.4991
BLACK	−0.100	0.155	0.5158
SPANIC	0.084	0.164	0.6109
CHILDAGE	0.220	0.107	0.0409
MARRIED	−0.206	0.154	0.1808
GENDER	0.101	0.126	0.4262
MOMAGE	−0.040	0.030	0.1842
MOMWORK	−0.153	0.140	0.2735

　　呈现在表 2.2 中的结果与表 2.1 中的发现一致。自信水平(差分)的回归系数为−0.06 且高度显著,而贫困状况(差分)的回归系数高度不显著。1990 年的自信水平及 1990 年的贫困状况的系数都不显著,表明自信水平及贫困状况的影响在不同时期保持不变。在 7 个非时变变量中,只有一个——小孩在 1990 年的年龄——统计显著(勉强显著而已)。这一结果并不表示其他 6 个变量不会影响反社会行为,而是说它们的影响在 1990 年和 1994 年实质上是一样的。

第 3 节 | 每个个体被观察三期及以上的一阶差分方法

当每个个体被观测时点数等于 3 或更多时(T > 2),如何拓展我们刚刚考虑过的方法,并不那么显而易见。在上述 NLSY 数据中,我们实际上有三个年份的数据——1990 年、1992 年和 1994 年。一种可能的办法是,建立并估计两个一阶差分方程。依据方程 2.2,我们有:

$$y_{i2} - y_{i1} = (\mu_2 - \mu_1) + \beta(x_{i2} - x_{i1}) + (\varepsilon_{i2} - \varepsilon_{i1})$$

$$y_{i3} - y_{i2} = (\mu_3 - \mu_2) + \beta(x_{i3} - x_{i2}) + (\varepsilon_{i3} - \varepsilon_{i2})$$

$$[2.8]$$

这两个方程可以用 OLS 方法分开进行估计,且都能得到对 β 的无偏估计。表 2.3 前面两列给出了 NLSY 数据的这一结果。两个差分方程中自信水平的系数都为负,大小几乎一致,并且都高度显著。贫困状况在两个方程中都很不显著。截距表示在控制了上述两个变量后,反社会行为水平从一个时期到下一个时期发生的变化。尽管在两个为期两年的时段中,反社会行为都有所增长,但只有 1992 年到 1994 年的变化在统计上是显著的。

假定 β 系数在不同时期保持不变,则应该对这两个方程进行同时估计,以获得最佳效率。这可以通过创建一个每个人有两条记录的统一数据集来实现,一条记录包含第一个方程所用的差分值,另一条则包括第二个方程所需的差分值。另外还有一个虚拟变量将第一条记录与第二条记录区别开来。而且,还需要有一个变量,该变量中,同一个人的两条记录有着相同的 ID 号。

表 2.3 的第三大列给出了对这一包含 1162 条记录的合并数据集应用 OLS 回归得到的拟合结果。不出所料,自信水平和贫困状况的回归系数取值处于前两列对应系数取值之间。不过,由于使用了更多的信息,(该结果的)标准误要稍微小一些。该模型的截距可以被解释为 $\mu_2 - \mu_1$ 的估计值,而方程虚拟变量的系数则是对 $(\mu_3 - \mu_2) - (\mu_2 - \mu_1)$ 的估计。两者都是正值,这说明反社会行为从时间 1 到时间 2 有所增加,并且从时间 2 到时间 3 期间增加得更快。不过,两者在统计上都不显著。

表 2.3　用自信水平及贫困状况解释反社会行为的一阶差分回归

	1992—1994 OLS		1990—1992 OLS		组合 OLS		组合 GLS	
	系　数	标准误	系　数	标准误	系　数	标准误	系　数	标准误
截距	0.71 **	0.059	0.040	0.053	0.045	0.056	0.05	0.056
SELF	−0.072 **	0.016	−0.039 **	0.014	−0.055 **	0.010	−0.055 **	0.010
POV	0.216	0.136	0.197	0.133	0.213	0.095	0.139	0.094
方程虚拟变量					0.122	0.080	0.122	0.094

注: ** $p < 0.01$。

尽管组合 OLS 回归估计是无偏的,但它忽视了 $\varepsilon_2 - \varepsilon_1$ 同 $\varepsilon_3 - \varepsilon_2$ 之间很有可能存在的负向相关,因为它们包含一个共同因素 ε_2,符号却相反。这意味着系数估计的效率可能并不充分,且标准误的估计可能有偏差。这一问题可以通过先估计出误差项之间的相关,然后用广义最小二乘法(generalized least squares,GLS)结合相关办法来解决。

多数综合性统计软件都带有进行 GLS 分析的程序。这类程序通常需要指定一个 ID 变量,以识别哪些记录来自同一个体。这里我用的是 Stata 软件中的 xtreg 命令及 pa 选项,它能以 GLS 方式估计线性模型。[3](本例题的)GLS 估计结果在表 2.3 的最后一列,它们和前一列的 OLS 系数估计值及标准误非常相似。

一阶差分方法很容易就能扩展到每个个体被观察三期以上的情况。如果每个个体被观察了 T 个时期,就创建 $T-1$ 条记录,每条记录都含有各变量相邻两个时期的差分值。此外,必须有一个变量赋予来自同一个体的所有记录相同的 ID 号,而另一个或一组虚拟变量则将同一个体的不同记录区别开来。然后对全部记录进行回归估计,并利用 GLS 对误差项之间的相关进行修正。除非 T 特别大,如大于 10,否则最好允许误差项相关矩阵处于非结构状态。也就是说,该矩阵允许每对误差项之间的相关都不同。在 T 较大的情况下,更好的做法是(给该矩阵)强加一个简化结构,以减少需要估计的不同相关的数量。更多细节请参见格林的著作(Greene,2000)。

第 4 节 | 每个个体被观察两期及
以上的虚拟变量法

尽管多阶差分法是估计多期数据固定效应模型的合理方式之一,不过"固定效应"这一称呼通常被保留给另外一种不同的方法,这种方法既可以通过虚拟变量实现,也可以通过创建离均差的方式来实现。由固定效应法产生的结果与差分法产生的结果虽然经常极其相似,但并不完全相同。在两期数据情况下,两种方法给出的结果完全相同。

虚拟变量法所要求的数据集具有非常不同的结构:(在这种数据集中)每个个体每一时期都有一条记录。以 NLSY 数据为例,要求的数据集中,581 个小孩每个人有 3 条记录,共有 1743 条记录。每条记录中同一个时变变量的变量名相同,但取值不同。而所有非时变变量的取值,在同一个体的不同记录上只是简单复制而已。数据集中有一个 ID 变量,来自同一个体的所有记录(在该变量上)取值相同。最后,有一个变量将每个个体的不同时期区分开来。例如在 NLSY 数据中,TIME 变量的取值 1、2、3 对应 1990、1992、1994。表 2.4 呈现了该数据集的前 15 条记录,对应开始的 5 个人。

表 2.4 每人 3 条记录的数据集(前 5 个人)

ID	TIME	ANTI	SELF	POV	GENDER
1	1	1	21	1	1
1	2	1	24	1	1
1	3	1	23	1	1
2	1	0	20	0	1
2	2	0	24	0	1
2	3	0	24	0	1
3	1	5	21	0	0
3	2	5	24	0	0
3	3	5	24	0	0
4	1	2	23	0	0
4	2	3	21	0	0
4	3	1	21	0	0
5	1	1	22	0	1
5	2	0	23	0	1
5	3	0	24	0	1

  为了使用这种方法,首先必须建立一套虚拟变量,以将数据集中的每个个体区别开来。在我们的例子里,这意味着(需要建立)580 个虚拟变量,以代表 581 个儿童。只要将 ID 变量设置为分类变量,很多统计软件就能自动完成这一任务。如果 TIME 变量也被设置成为分类变量,那就会产生两个虚拟变量,以区别这三个(调查)年份。然后我们就可以用 OLS(一般最小二乘法)来对系数进行估计。事实上,由 ID 变量创建而来的虚拟变量的回归系数是对方程 2.1 中的 α_i 的估计,只是其中之一已被限定等于 0。

  我在 Stata 中用 reg 命令完成这一回归[4],结果在表 2.5

左边一栏。这里只给出了前 9 个虚拟变量的系数。

表 2.5　用自信水平及贫困状况对反社会行为做回归——虚拟变量法

	固定效应			常规 OLS		
	系　数	标准误	p	系　数	标准误	p
SELF	−0.055	0.010	0.00	−0.067	0.011	0.00
POV	0.112	0.093	0.23	0.518	0.079	0.00
TIME_2	0.044	0.059	0.45	0.051	0.090	0.58
TIME_3	0.211	0.059	0.00	0.223	0.091	0.01
ID_2	−0.887	0.819	0.28			
ID_3	4.131	0.811	0.00			
ID_4	1.057	0.819	0.20			
ID_5	−0.536	0.819	0.51			
ID_6	0.040	0.820	0.96			
ID_7	2.170	0.821	0.01			
ID_8	0.910	0.820	0.27			
ID_9	−0.276	0.819	0.74			

将表 2.5 中的结果与表 2.3 最后一列(通过一阶差分法得到的结果)进行比较,可以看到,自信水平的回归系数及标准误看起来几乎一样。虚拟变量法得到的贫困状况的回归系数略微小些,但在两种方法中都很不显著。TIME_2 和 TIME_3 的系数表示与参照组(TIME_1)的对比情况。可以发现,就平均水平而言,反社会行为随着时间的变化有所增长,TIME_3 显著地高于 TIME_1。

为了进行比较,表 2.5 右边部分给出了未放入 580 个虚拟变量时各系数的 OLS 估计情况。与两期数据分析时看到的一样,两种方法所得结果的较大差异主要在于常规 OLS 回归中 POV 的系数要大得多,并且高度显著。因此,当我们控制了个体间的所有差异,只关注个体内变化时,贫困对反社会行为的突出影响也就消失了。[①]另外,标准误的比较也有点意思。POV 系数的标准误在固定效应估计中相对较大,这是没有使用个体间差异信息导致的典型结果。另一方面,对 SELF 及两个 TIME 虚拟变量来说,固定效应标准误比常规 OLS 的要小。为什么会有这种差异呢? 这涉及个体内变异与个体间变异的相对大小问题。对 POV 变量而言,70% 的变异在个体之间,而在 SELF 变量中,这一比例只有 53%。[5]至于 TIME 虚拟变量,所有的变动都是个体内的,个体之间没有差别。(事实上)最适合使用固定效应分析的情况是:时变预测变量的所有变异都是个体内的,而在反应变量上,不同个体之间仍然存在大量差异。

　　虚拟变量法的问题在于:对全部虚拟变量的系数进行估计,会使计算负担非常重,尤其是在样本量很大的情况下,甚至会超过软件或机器内存的能力范围。幸好,还有另外一种备选的算法——离均差法——能够产生完全一样的结果。唯一不足的是,后者不提供代表不同个体的虚拟变量的系数的估计,不过它们倒很少是我们所关心的。

　　离均差算法是这样进行的。对于每个个体及每个时变变量(包括反应变量和解释变量),我们都计算该个体在不同时点上的取值的均值:

$$\bar{y}_i = \frac{1}{n_i} \sum_t y_{it}$$

$$\bar{x}_i = \frac{1}{n_i} \sum_t x_{it}$$

---

　　① 此处原文为“the apparent effect of poverty on self-esteem”,根据上下文应该是作者的笔误。因为模型中是用贫困状况解释反社会行为,自信水平并不是因变量。——译者注

其中，n_i 是个体 i 被测量的次数。然后用每个变量的观察值减去每个人对应变量的平均值：

$$y_{it}^* = y_{it} - \overline{y}_i$$
$$x_{it}^* = x_{it} - \overline{x}_i$$

最后，将 y^* 对 x^* 及代表时间效应的虚拟变量做回归。这种方法有时被称为"条件"法，因为它通过上述条件把固定效应虚拟变量的系数给消除掉了。

如果手工创建这些离均差值，然后利用普通回归程序估计这些系数，你会得到所有这些系数的正确 OLS 估计。但标准误和 p 值是不正确的。这是因为常规回归中自由度的计算仅基于设定模型中的自变量数，而实际上它应该包括模型中潜在地使用了代表样本中不同个体的虚拟变量的数目（在 NLSY 数据中为 580）。我们当然可以找到正确计算标准误及 p 值的公式（Judge et al.，1985），但让软件帮你计算岂不更省事。例如，Stata 中的 xtreg[6] 命令就能为固定效应模型提供正确的计算；SAS 程序 PROC GLM 过程步中的 ABSORB 语句也能做到。

利用 xtreg 命令，我设置了一个固定效应模型（FE 选项），将 ID 作为识别同一个体记录的变量。结果与表 2.5 前五行一样。xtreg 还专门为固定效应模型提供了另外几个统计量：

（1）F 检验，检验所有固定效应虚拟变量系数都等于 0 这一虚无假设是否成立。在这个例子里，p 值比 0.0001 还要小，因此，可以很有把握地拒绝虚无假设。这相当于说，有证据表明存在于个体层面的未被观测的异质性。也就是说,个体之间在反社会行为上存在着稳定的差异,已被观测到的解释变量并不能完全解释这些差异。

(2) 因变量方差中被固定效应(各个 α_i)所解释的比例的估计,这一统计量标着"rho(fraction of variance due to u_i)"。在这个例子里,它的估计值是 0.64。

(3) 固定效应 α_i 与估计的时变自变量线性组合 $\hat{\beta}x_{it}$ 之间的相关系数的估计。在随机效应模型中,这一相关系数被假定等于 0。对于当下这个数据,该相关系数等于 0.068。

(4) 三个确定系数 R^2:个体内确定系数、个体间确定系数及总的确定系数。个体内确定系数就是用离均差变量进行回归时得到的常规确定系数。这里为 0.033。个体间确定系数是各个体的 y 均值与各个体的 y 均值预测值之间的相关系数的平方,在此是 0.041。最后,总的确定系数(0.036)是 y 值本身与 y 值预测值之间的相关系数的平方。这三个确定系数都是用预测值计算得到的,但计算时只使用了估计的回归系数,而没有使用固定效应虚拟变量的回归系数。如果将这些系数纳入使用虚拟变量法,这一数据的确定系数将提高到 0.73。

前面已经提过,这种方法的特征是它不能对非时变自变量的系数进行估计。这是很显然的,因为用每个个体的非时变自变量取值(在所有时期都一样)减去其对应的个体内均值后,所有个体取值都将等于 0。应该记住的是,我们仍然控制了所有非时变自变量,尽管它们已被从方程中排除掉了。在下一节,我们将进一步讨论如何检验这些变量的影响本身是否也是非时变的。

第 5 节 | 在固定效应法中设置与时间的交互作用

在两期数据情况下，我们已经知道如何拓展差分法以让自变量的回归系数在不同时期有所不同。对于时变变量，将时间 1 时的测量值纳入原差分模型即可。对于非时变变量，则直接纳入模型。在虚拟变量法（或等效的离均差法）中，这一扩展是通过加入各变量与时间的交互项来实现的。

对于有三期调查的 NLSY 数据，表 2.6 给出了纳入TIME（当做分类变量处理）与时变变量及非时变自变量的交互作用后的模型结果。由于 TIME 有三个类别，因此它与每个自变量有两个交互项。注意，模型中不包括非时变自变量的主效应。即使我们试图将它们纳入模型，软件也会都丢掉，因为它们在个体内不存在变异。

表 2.6 与时间的交互作用

	系 数	标准误	t	p
TIME_2	0.291	1.245	0.23	0.82
TIME_3	−0.444	1.258	−0.35	0.72
SELF	−0.034	0.016	−2.08	0.04
POV	0.097	0.130	0.75	0.46
TIME_2 * SELF	−0.026	0.020	−1.28	0.20
TIME_3 * SELF	−0.023	0.021	−1.09	0.28

续表

	系　数	标准误	t	p
TIME_2 * POV	−0.112	0.152	−0.74	0.46
TIME_3 * POV	0.099	0.155	0.64	0.52
TIME_2 * BLACK	0.250	0.144	1.74	0.08
TIME_3 * BLACK	−0.110	0.144	−0.77	0.44
TIME_2 * HISPANIC	0.190	0.154	1.23	0.22
TIME_3 * HISPANIC	0.075	0.153	0.49	0.62
TIME_2 * CHILDAGE	0.076	0.100	0.76	0.45
TIME_3 * CHILDAGE	0.227	0.100	2.26	0.02
TIME_2 * MARRIED	−0.095	0.143	−0.67	0.51
TIME_3 * MARRIED	−0.176	0.143	−1.23	0.22
TIME_2 * GENDER	0.041	0.118	0.35	0.73
TIME_3 * GENDER	0.107	0.118	0.91	0.37
TIME_2 * MAMAGE	−0.027	0.028	−0.96	0.34
TIME_3 * MOMAGE	−0.042	0.028	−1.52	0.13
TIME_2 * MOMWORK	0.0137	0.131	1.05	0.29
TIME_3 * MOMWORK	−0.144	0.130	−1.11	0.27

对于每一个交互项,t 统计量检验的是系数在 Time2 或 Time3 时是否与在 Time1 时不同。在 18 个交互项中,只有一个(TIME_3 * CHILDAGE)统计显著($p = 0.024$)。对于该交互项,系数 0.227 表明 Time3 时 CHILDAGE 的系数比 Time1 时要高 0.227。当然,在检验多达 18 个的情况下,即使没有任何实质性依据,我们也可以大胆地赌一把,认为其中至少会有一个显著。不过,在检验 18 个交互项都等于 0 的同时检验(simultaneous test)中,p 值等于 0.15。①

———————————

① 这说明整体而言,18 个交互项并没有显著的解释效果,纳入交互项后模型没有显著的改善。——译者注

第 6 节 | 与随机效应模型的比较

固定效应模型的一个非常流行的替代者是随机效应或混合模型。这一模型是在我们用于固定效应模型的同一方程上发展出来的：

$$y_{it} = \mu_t + \beta x_{it} + \gamma z_i + \alpha_i + \varepsilon_{it} \qquad [2.9]$$

最关键的区别在于，现在我们不把 α_i 当做一套固定数字（等价于把 α_i 看做随机的，但与 x_{it} 之间存在所有可能的相关），而假定 α_i 是一套有着特定概率分布的随机变量。例如，通常假定每个 α_i 都服从 0 均值且等方差的分布，并且与方程右边的其他所有变量都保持独立。

现在有很多软件可以用来估计随机效应模型。SAS 可以通过 MIXED 程序进行。Stata 中的 xtreg 命令在默认情况就能进行随机效应模型的 GLS 估计。表 2.7 给出了 xtreg 命令产生的包含非时变变量及不含非时变变量的随机效应模型的估计结果。

能够纳入非时变变量是随机效应模型与固定效应模型最显著的差别。不过，这里我们发现纳入此种变量并不会使时变预测变量的系数发生太大改变，不管是自信水平还是贫困状况。

与表 2.5 中的常规 OLS 回归估计相同而与固定效应估计不同的是，随机效应估计中这两个变量的系数都是高度显著的。随机效应模型与常规 OLS 方法相似，并不足为怪。如果 α 与其他所有变量都不相关这一随机效应假定正确的话，这两种方法都能产生对方程 2.9 的系数的一致估计（因而也是近似无偏的估计）。但如果这一假定并不正确，那这两种方法的估计都将有偏。

表 2.7　随机效应模型的 GLS 估计

	系　数	标准误	p	系　数	标准误	p
SELF	−0.062	0.009	0.00	−0.060	0.009	0.00
POV	0.247	0.080	0.00	0.296	0.077	0.00
TIME_2	0.047	0.059	0.42	0.047	0.059	0.42
TIME_3	0.216	0.059	0.00	0.216	0.059	0.00
BLACK	0.227	0.126	0.07			
HISPANIC	−0.218	0.138	0.11			
CHILDAGE	0.088	0.091	0.33			
MARRIED	−0.049	0.126	0.70			
GENDER	−0.483	0.106	0.00			
MOMAGE	−0.022	0.025	0.39			
MOMWORK	0.261	0.115	0.02			

为何 POV 变量在随机效应模型中高度显著而在固定效应模型中非常不显著呢？如早前已经解释过的一样，一旦一个系数在随机效应模型中显著而在固定效应模型中不显著，首先要做的就是比较两者的标准误。因为固定效应模型的标准误通常要比随机效应模型的标准误大得多，仅此一点，就能解释它的 p 值为什么会较大。当然，在这里，固定效应模型中 POV 变量的标准误虽然稍大（0.09 比 0.08），但并不足以解释上述显著水平上的差异。即使我们将 0.09 替换为 0.08，固定效应模型中 POV 的系数仍然不会显著。显然，主

要差异在于两个系数的大小不同,在固定效应模型中是0.11,在随机效应模型中是0.25(或0.30,非时变变量得到控制时)。对这一差异最可能的解释是,存在着某些不可观测的变量能够"解释"我们(在随机效应模型中)看到的贫困状况与反社会行为之间的相关。一旦这些不可观测的变量通过固定效应模型被控制了,上述两个变量之间的相关也就消失了。

这里的关键在于,与一般流行的观念不同,估计一个随机效应模型并不能真正"控制"未被观测的异质性。这是因为,常规随机效应模型假定观测变量与未被观测的变量之间不存在相关。相反,固定效应模型允许非时变自变量与时变自变量之间的任何相关。不过,这样做的代价是,当这些相关确实为零时,固定效应模型将失去一些效率。

已有的研究显示,随机效应模型实际上只是固定效应模型的一个特例(Mundlak,1978)。也就是说,如果以方程2.9的常规随机效应模型作为开始,然后允许 α_i 与 x_{it} 变量之间的所有可能相关,你将得到固定效应模型的等价物。通常而言,一旦要在两个相互嵌套的模型(其中一个是另一个加上某些限制条件的结果)之间作出选择,都会存在偏差与效率之间的得失权衡问题。较简单的模型(随机效应模型)可以得到更有效率的估计,但如果加在模型上的限制条件是错误的,那这些估计就可能是有偏的。较为复杂的模型(固定效应模型)不那么容易产生偏差,但代价是抽样变异性会相对较大。

在此得失权衡面前,如果有一种统计检验能对随机效应模型与固定效应模型进行比较,那将大有用处。此种检验能够帮助我们判定随机效应方法所带来的偏差是小到足以忽略的程度,还是大到我们不得不选择限制条件更少的固定效应模型。这些检验中,最有名的是 Hausman 检验(1978),该检验的虚无假设是随机效应系数与固定效应系数相同。[7]这种检验在很多统计软件中都能找到。对于手头这个例子,最直接的检验是对表 2.5 中的固定效应系数与表 2.7 左边部分的随机效应系数进行比较,后者控制了几个非时变变量。我用 Stata 中 xtreg 命令的这一检验得到的 p 值等于 0.04,这一证据并不支持随机效应模型,而比较倾向于固定效应模型。在下一节,我将介绍另外一种效果比目前 Stata 中采用的 Hausman 检验更好的检验方法。

第 7 节 | 混合（模型）法（A Hybrid Method）

　　现在来考虑如何将固定效应模型和随机效应模型的某些优点综合起来。前面我们已经看到，估计固定效应模型的方法之一是将所有变量都表达成与个体均值的离差，然后对这些离均差变量运用 OLS 回归。在混合法中，时变 x 变量再次被处理成为与个体均值的离差，但是反应变量 y 没有。而且与前面的固定效应方法不同，现在我们将非时变变量 Z 也纳入到模型中。此外，我们还将表示每个时变变量个体内均值的变量（同样是非时变变量）也纳入模型。最后，我们不采用 OLS 回归，而是估计一个随机效应模型，以保证标准误能够反映同一个体的多个观测记录之间的相依性。[8]

　　表 2.8 给出了针对 NLSY 数据的分析结果。DSELF 和 DPOV 是离均差变量。MSELF 和 MPOV 是个体内均值。首先应该注意的是，表中 DSELF，DPOV 以及两个时间虚拟变量的回归系数和标准误与我们在表 2.5 的固定效应方法中看到的完全一样。因此，我们又有了一种产生固定效应估计的方法。[9]实际上，对于 DSELF 和 DPOV 来说，不管方程中放进什么非时变变量，即使我们将 MSELF 和 MPOV 以及其他非时变变量都删除，时变变量的系数和标准误都将保持不变。当

然,从这一混合方法中我们得到的是对非时变变量效果的估计,而这是通过常规的固定效应方法所不能得到的。

表 2.8 混合法估计结果

	系 数	标准误	p
DSELF	−0.055	0.010	0.00
DPOV	0.112	0.093	0.22
MSELF	−0.090	0.022	0.00
MPOV	0.616	0.157	0.00
BLACK	0.111	0.132	0.40
HISPANIC	−0.280	0.139	0.04
CHILDAGE	0.086	0.091	0.35
MARRIED	−0.128	0.128	0.32
GENDER	−0.508	0.107	0.00
MOMAGE	−0.011	0.025	0.65
MOMWORK	0.164	0.119	0.17
TIME_2	0.044	0.059	0.45
TIME_3	0.211	0.059	0.00

在多层模型文献中(Bryk & Raudenbusch, 1992；Glodstein, 1987；Kreft & De Leeuw, 1995),将各时变变量减去个体内均值的做法叫做按组均值对中(group mean centering)。尽管大家都知道对中后将产生非常不同的结果,但这类文献仍没有将其与固定效应模型联系起来,也没有认识到按组均值对中将控制所有非时变预测变量。

均值变量 MSELF 和 MPOV 的估计系数本身并不特别具有启发性。但将这些变量纳入模型很重要,原因有二:第一,它们可以帮助我们得到更好的有关其他非时变变量效果的估计。将 MSELF 和 MPOV 排除,意味着我们没有完全控制这些变量。第二,将它们的系数与离均差变量 DSELF 和 DPOV 的系数进行比较,能够让我们对事情有更深的了解。如果随机效应模型的假定是正确的（即 α_i 项与 x 变量无关），那么每个变量对应的离均差变量与均值变量的系数应该一样（除去抽样变异后）。对于 DSELF 与 MSELF 来说，这确实相差不远。但 MPOV 的系数比 DPOV 的系数要大得多。实际上，在我们估计常规随机效应模型时，得到的 SELF 和 POV 的系数就是这些"（个体）内"系数和"（个体）间"系数的加权平均数。这进一步意味着我们可以通过检验这两对系数之间的相等性来检验随机效应模型与固定效应模型的差异（这就是可以替代前面讨论过的 Hausman 检验的另一检验）。这在 Stata 中做起来非常容易（使用的是 Wald 检验），所得 p 值为 0.007，可算是反对随机效应模型的鲜明证据。

混合法的另一诱人之处在于，它可以实现在常规的固定效应估计方法中不易实现的多种有趣的拓展。到目前为止，我们讨论的随机效应模型都还只是随机截距模型。我们还有可能估计随机斜率模型。例如，我们不再假定 DSELF 的系数对于每个人都一样，而假定其为一个随机变量，然后估计其均值与标准差。此种模型通过 SAS 中的 MIXED 子程序或者 Stata 中的 xtmixed 命令很容易就能搞定。后一命令产生的 DSELF 系数的平均值的估计值为 -0.005。该系数对应的标准差估计值为 0.070，是其标准误 0.024 的两倍以上，这强烈地表明：DSELF 的影响在不同个体上存在差异。

通过使用混合法，还可以估计含有更复杂的误差结构的模型，例如，三层结构或自回归结构，而不仅仅是常规固定效应模型所隐含的简单结构。关于此类模型的更多信息，可以参看辛格和威利特的著作（Singer & Willett，2003）。

第 8 节 | 总结

可以看到,共有几种等价的方法用来估计定量反应变量线性固定效应模型:

(1) 如果每个个体只被观察了两期,先对所有时变预测变量创建差分值。然后,对反应变量的差分值对预测变量的差分值做 OLS 回归。

(2) 不管观察了多少个时期,转换数据结构以使每个个体在每一观察期都有一条记录。然后进行 OLS 回归,回归时纳入代表每个个体的虚拟变量组(缺省其中的一个)。

(3) 对于方法 2 中的数据结构,将所有时变变量转变为相对于个体内均值的离差值。然后对这些离差值做 OLS 回归(并修正标准误统计检验及 p 值)。通过 Stata 中的 xtreg 命令可以很方便地完成。

(4) 对于方法 2 中的数据结构,只将自变量转变为相对于个体内均值的离差值。然后估计一个随机效应模型,模型中的自变量中同时包括(各时变变量的个体内)均值以及相对这些均值的离差值。

在这些方法中,第四个最为灵活。它具有其他一个或多个方法所不具备的如下能力:

　　　纳入在个体内不存在变异的预测变量;
　　　对固定效应与随机效应假定进行检验;
　　　为存在个体内变异的自变量提供随机系数估计;
　　　容许更为宽松的误差结构。

无论使用何种运算方法,固定效应模型都能高效地控制所有非时变预测变量,不管是得到测量的还是没有被测量的。这是其与随机效应模型相比的主要吸引力所在。不过,固定效应模型的一个重要假定在于,非时变预测变量在各个时期必须有着相同的影响。那些作用效果在各个时期并不恒定的变量必须被明确地纳入模型(才能得到控制)。另外,当然,固定效应方法对未被测量的时变变量没有任何控制。

第 **3** 章

固定效应 logistic 回归

　　在这一章,我们将了解到如何将上一章的固定效应方法一般化,以适用于分类反应变量。为了探索这些方法,我们将用一个同样来自全美青少年长期跟踪调查(NLSY)的数据集。这一数据集有1151名自1979年开始每年都被访问一次、连续访问了五年的青少年女孩。反应变量POV1-POV5是二分变量:在这五年期间的每一年,判断女孩所在家庭根据美国联邦的标准是否处于贫困状态,贫困则编码为1,非贫困则编码为0。我们的自变量如下:

AGE 　　　第一次被访时的年龄

BLACK 　　如果受访者为黑人则编码为1,否则为0

MOTHER 　如果受访者目前至少有一个孩子则编码为
　　　　　1,否则为0

SPOUSE 　 如果受访者目前与配偶生活在一起则编码
　　　　　为1,否则为0

SCHOOL 　 如果受访者目前为在校注册学生则编码为
　　　　　1,否则为0

HOURS 　　调查所在周已工作的小时数

　　前两个变量是非时变变量,而后面四个变量的取值在每次调查时都可以不同。

　　现在我们处理的已经不是线性模型了,而是 logistic 回归模型,与方程 2.1 相似,我们的基础模型是:

$$\log\left(\frac{p_{it}}{1-p_{it}}\right) = \mu_t + \beta x_{it} + \gamma z_i + \alpha_i,\ t = 1,\ 2,\ \cdots,\ T$$

$$[3.1]$$

其中,p_{it} 是响应变量等于 1 的概率。如以前一样,x_{it} 是时变预测变量向量,z_i 是非时变预测变量向量,α_i 表示所有未被观测的恒定变量的综合影响。在这一章,我们将把 α_i 看做一套固定的常量,每个个体都有一个。但这相当于假定 α_i 是随机的且对 α_i 与 x_{it} 之间的相关不做任何限制。

第 1 节 │ **两期数据（固定效应分析）**

在第 2 章中，我们看到两期数据情况下，固定效应线性模型可以通过计算所有变量的差分值，然后运用一般最小二乘回归的方式进行估计。对于 logistic 回归，类似的做法同样是可能的，但有一些重要的区别。

表 3.1　第一年与第五年贫困状况的交互分类情况

第一年的贫困状况	第五年的贫困状况		
	0	1	合　计
0	516	234	750
1	211	190	401
合　计	727	424	1151

下面我们对 NLSY 数据做一个固定效应 logistic 回归，先忽略第 2、3、4 年，只关注年份 1 和年份 5。尽管这两个年份间贫困的边缘分布改变得很小，但仍然有 234 个女孩的家庭陷入贫困状态，同时有 211 个女孩脱离了贫困。

为了进行固定效应 logistic 回归，我们先将 706 个（贫困状况）在五年内未发生变化的女孩排除在外。这是因为固定效应模型只使用个体内变异，对于这些女孩而言，其响应变量并不存在个体内的变化。因此，我们只剩下 445 个贫困状况发生过改变的女孩。在这一缩减后的样本上，我们令 p_i 表示 POV5 = 1 的概率,即一个女孩从状态 0 转变成状态 1,而不是从 1 转变为 0 的概率。接下来我们再用常规的最大似然法估计这一模型:

$$\log\left(\frac{p_i}{1-p_i}\right) = (\mu_2 - \mu_1) + \beta(x_{i2} - x_{i1}) \qquad [3.2]$$

也就是说,我们将 POV5 作为因变量,将时变预测变量的差分值作为自变量,做 logistic 回归。根据下一节的解释,这实际上是条件最大似然估计的一种形式。与线性模型中一样,z_i 和 α_i 都从方程中被消除。[10]

表 3.2 呈现了 3 个回归模型的估计结果,是用 Stata 中的 logit 命令估计得到的。模型 1 只包括时变预测变量的差分值。可以看到成为母亲将增加陷入贫困的风险,而与配偶居住及工作的小时数越多将降低风险。请再次记住,这些估

表 3.2　两期数据的差分值 logistic 回归

	模型 1		模型 2		模型 3	
	系　数	标准误	系　数	标准误	系　数	标准误
截距	0.539**	0.162	4.899**	1.644	3.052	1.826
DMOTHER	0.730**	0.250	0.744**	0.254	0.909**	0.270
DSPOUSE	−1.002**	0.283	−1.032**	0.292	−1.022**	0.301
DSCHOOL	0.343	0.212	0.339	0.218	0.639*	0.251
DHOURS	−0.0339**	0.0061	−0.0339**	0.0062	−0.0339**	0.0068
BLACK			−0.526*	0.216	−0.662**	0.226
AGE			−0.258*	0.103	−0.196	0.111
MOTHER1					0.457	0.460
SPOUSE1					0.442	0.726
SCHOOL1					1.184	0.471
HOURS1					−0.0024	0.0128

注: * $0.01 < p < 0.5$, ** $p < 0.01$。

计都已经控制了所有非时变变量。将是否为母亲这一变量的系数(0.730)取指数,我们得到 2.08。这告诉我们:一个女孩一旦有了第一个孩子,其陷入贫困的风险将会翻倍。截距 0.539 可以被解释为一个在所有时变自变量上都未发生变动的女孩的贫困对数发生比从年份 1 到年份 5 的变化。取指数后,我们得到发生比为 1.71——也就是说,从年份 1 到年份 5,提高了 71%。

模型 2 加入了两个非时变变量 BLACK 和 AGE,两者都有着显著的负向作用。这些变量的系数可以被解释为与时间的交互作用。因此对这两个变量来说,它们对于陷入贫困的风险的影响(从量上说)在年份 5 时要比在年份 1 时小。或者,这些系数也可以解释为历时变化的速率在不同子群体中是如何的不同。更具体的,对于一个从年份 1 到年份 5 期间时变自变量都未发生变化的女孩来说,这五年期间陷入贫困的对数发生比的变化可以表达为:

$$4.899 - 0.526 \times BLACK - 0.258 \times AGE①$$

因此,对于一个 14 岁的在各项其他自变量上都未发生变化的非黑人女孩来说,其陷入贫困的对数发生比的预测改变量为 1.29。等价地说,其陷入贫困的发生比将变为原来的 $\exp(1.29) = 3.63$ 倍。而黑人或在年份 1 时年龄更大的女孩贫困的增长率要更低。

模型 3 增加了在年份 1 时测量的时变变量。如在第 2 章一样,这些变量的回归系数可以被解释为每个变量从年份 1

①　原书中为 4.899−0.526×BLACK−2.58×AGE,但是根据表 3.2 的输出结果,AGE 的系数应该为 − 0.258。——译者注

到年份 5 时作用的变化量，也就是说，与时间的交互作用。
这些变量中只有 SCHOOL1 一个统计显著。这样，我们可以
说，从年份 1 到年份 5 期间，是否为在校学生对女孩陷入贫
困的对数发生比的影响增加了 1.184。而 DSCHOOL 的系
数 0.639 是在校生身份在年份 5 时的作用的估计。由此看
来，在校生身份在年份 1 时为负作用（0.639 - 1.184），而在
年份 5 时为正作用。

　　总的来说，两期数据 logistic 模型与第 2 章中两期数据的
线性回归是非常相似的。最大的不同在于：logistic 方法要求
将因变量上未发生变动的个体排除在样本之外。对于因变
量，我这里使用的是时期 2 的反应变量，这看起来与线性固
定效应模型时有所不同。但是如果我不这么做，而用时期 2
的取值减去时期 1 的取值，那我得到的因变量取值将会是 1
和 -1 而不是 1 和 0，而这两者实际上是同一个东西。[11]

第 2 节 ｜ 三期及多期数据
（固定效应分析）

如何才能将这种方法扩展到可以使用全部五年而不仅仅是第一年和第五年数据提供的信息呢？在第 2 章，我们是通过如下方式来实现的：为每个个体的每一次测量创建一条单独记录，将这些记录合成一个数据集，然后估计一个含有与各个体对应的虚拟变量的线性回归。另外一种方法同样是使用单一个体对应多条记录的数据形式，但避免使用虚拟变量，而是将各个变量表达为相对于个体内均值的离差的形式。尽管这两种方法会产生同样的结果，但第一种方法确切地讲是无条件最大似然法，而后者为条件最大似然法。

条件最大似然法和无条件最大似然法都可用于二分结果变量的 logistic 回归，但在这里两者并不产生相同的结果。与在线性情况下一样，无条件最大似然法同样是通过为每个个体创建多条记录，然后估计一个含有标识各个体的虚拟变量的常规 logistic 回归来实现的。不幸的是，这种方法产生的系数估计是有偏的（Hsiao，1986）。事实上，在两期观察情况下，系数估计值恰好是其本来取值的两倍（Abrevaya，1997；Hsiao，1986）。导致此种偏差的原因就是所谓的伴随性参数问题(Kalbfleisch & Sprott，1970；Lancaster，2000)。也就是说，样本规模一旦增加，参数(尤其是与各个体对应的虚拟变量的系数)的数量也会直接增加，从而违背了最大似然估计的渐近理论的重要前提之一。

解决方案就是采用条件似然法，这一方法使 α_i 参数被"条件出"(conditions out)似然方程①(Chamberlain，1980)。它是通过将似然方程限定在每个个体被观察的事件总数一定的条件上来实现的。从效果上讲，每个人对似然函数的贡献，就是对如下问题的回答：如果一个女孩在五年内有两年处于贫困状态，那么这一事件发生在，比方说年份 2 和年份 4 (当实际发生时)，而非另外 9 对可能的年份组合之一的概率是多大? 这些条件概率不包括 α_i 参数。此种条件似然法只适用于二分类反应变量的 logistic 回归，不能用于其他"连接"函数，如 probit 或互补双对数函数。

很多统计软件都能对 logistic 回归的此种条件似然值进行最大化估计。在 Stata 中，通过 xtlogit 或者 clogit 命令都可以实现。这些程序所要求的数据形式与第 2 章中讨论多期数据与 xtreg 命令时描述的一样。每一个体在每个被观察的时期都有一条记录，来自同一个体的所有记录都有同样的 ID。非时变变量的取值在同一个体的不同记录中是一样的。如果将此种方法应用于两期数据，其产生的结果将与上面描述的差分法相同。对于这个 5 年份示例数据，表3.3 给出了工作数据集中的前 15 条观察记录。这些记录来自三个女孩，每个人被观察了五年。

———————

① 实际上就是在方程中被抵消掉。——译者注

表 3.3   少女贫困问题数据集的前 15 个观察记录

观测值	ID	YEAR	POV	MOTHER	SPOUSE	SCHOOL	HOURS	BLACK	AGE
1	22	1	1	0	0	1	21	0	16.00
2	22	2	0	0	0	1	15	0	16.00
3	22	3	0	0	0	1	3	0	16.00
4	22	4	0	0	0	1	0	0	16.00
5	22	5	0	0	0	1	0	0	16.00
6	75	1	0	0	0	1	8	0	17.00
7	75	2	0	0	0	1	0	0	17.00
8	75	3	0	0	0	1	0	0	17.00
9	75	4	0	0	0	1	4	0	17.00
10	75	5	1	0	0	1	0	0	17.00
11	92	1	0	0	0	1	30	0	16.00
12	92	2	0	0	0	1	27	0	16.00
13	92	3	0	0	0	1	24	0	16.00
14	92	4	1	1	0	0	31	0	16.00
15	92	5	1	1	0	0	0	0	16.00

　　Stata 的 xtlogit 命令对固定样本跟踪数据拟合 logistic 回归可以采用三种不同的方法：固定效应法（条件似然），随机效应法及广义估计方程法（generalized estimating equation）。表 3.4 给出了对该少女贫困数据应用全部三种方法得到的结果。前面两列呈现的是固定效应 logit 模型条件似然估计的结果。与两期数据时的情况一样，我们看到成为母亲及在校生身份与较高的贫困风险相关，而与配偶同住及工作时间越长则与较低的贫困风险联系在一起。

　　如何解释这些效应呢？拿 SPOUSE 的系数 −0.748 来说，取幂后我们得到的发生比为 0.47。也就是说，如果一个女孩从没有与丈夫居住的状态变为与丈夫居住，那么她陷入贫困的几率要（在原来的基础上）乘以 0.47。实际上就是，结婚将使少女陷入贫困的几率减少一半。而 HOURS 的系数 −0.0196 取幂之后得到发生比等于 0.98。这是说，每个星期多工作一小时将使陷入贫困的几率缩小 2％。几个 YEAR 系数都是与年份 1 的对比，它们都是正的并且都在统计上显著。注意，表中没有报告截距项，因为截距项已经"被条件出"似然函数。

表格中接下来的两列呈现的是采用广义估计方程法（GEE）估计 logit 模型得到的结果，它通过迭代广义最小二乘法（iterated generalized linear squares）修正了观察记录之间的相依问题。尽管结果的模式与条件似然分析的相似，但存在三个重要的差别。第一，SCHOOL 的系数从显著的正值变为不显著的负值。第二，GEE 分析中 MOTHER 和 SPOUSE 变量的系数明显要大得多，而几个年份变量的系数则都要小一些。第三，标准误都要更小。

表 3.4 的最后两列给出的是随机效应模型的最大似然估计。这一模型同样可以用方程 3.1 来表示，只是现在 α_i 被假定为一套随机变量，每一个都服从均值为 0 且方差恒定的分布，并且（最重要的是）与 x_{it} 保持相互独立。随机效应系数估计结果与 GEE 估计结果相似。所有的标准误都要比 GEE 估计的略大，但比条件似然分析的要小，因为条件似然法没有使用任何个体间的变异信息。事实上，条件似然法自动剔除了 324 个贫困状况在五年期间没有发生任何变化的少女（28％）。和两期数据时一样，如果一个人根本没有发生历时变化，那自变量也就没有什么可以解释的了。

表 3.4   logit 模型的条件似然估计及其他估计

	条件似然估计		GEE[a]		随机效应	
	系　数	标准误	系　数	标准误	系　数	标准误
MOTHER	0.582 **	0.160	0.850 **	0.092	1.077 **	0.119
SPOUSE	−0.748 **	0.175	−0.930 **	0.121	−1.238 **	0.152
SCHOOL	0.272 *	0.113	−0.045	0.077	−0.064	0.098
HOURS	−0.0196 **	0.0032	0.0209 **	0.0023	−0.0267 **	0.0029
YEAR2	0.332 **	0.102	0.223 **	0.073	0.287 **	0.100
YEAR3	0.335 **	0.108	0.171 *	0.080	0.226 *	0.104
YEAR4	0.433 **	0.116	0.196 *	0.084	0.256 *	0.108
YEAR5	0.402 **	0.127	0.122	0.093	0.172	0.115
截距			−0.543 **	0.097	−0.681 **	0.126

注：a. 同时设定了非结构化的相关矩阵，以及基于模型的标准误。
　 * $0.01 < p < 0.05$，** $p < 0.01$。

那么表 3.4 的三套结果中哪一套最好呢？三者最大的区别在于，GEE 和随机效应法都没有对未被观测的变量进行任何控制。相反，固定效应模型（条件似然法）控制了所有恒定变量，将每个女孩作为其自身的控制因素。而且其提供的标准误估计也是修正了相依问题的正确估计。不好的方面是：这些标准误要比随机效应模型及 GEE 估计的标准误大，因为数据集中有大量的信息没有被使用。权衡之后，对于这个例子，我更倾向于固定效应估计结果，因为它们受被忽略变量的影响而产生偏差的机会要小得多。不过，在个体内变异相对于个体间变异太小的情况下，固定效应系数的标准误可能会太大而难以接受。

还有一点值得提醒的是，条件似然和随机效应估计都是"具体单位的"（subject specific）估计，而 GEE 估计只是"总体平均的"（population averaged）估计。那么两者的差别是什么呢？一个具体单位的系数能够告诉我们，如果一个具体个体的预测变量增加一个单位，那该个体会发生什么。而一个总体平均的系数只能告诉我们，如果每个人的预测变量都增加一个单位，那么整个总体会发生什么。如果模型是线性的，两种系数之间不存在差别。但对于 logistic 回归模型，当然对于其他很多非线性模型也一样，具体单位系数一般要大于总体平均系数。

哪一个更好呢？答案取决于你的目的。如果你是一个医生，要估计某种斯达汀类药物能够在多大程度上降低你的病人罹患心脏病的风险，那么具体单位系数是很明显的选择。相反，如果你是一个政府卫生部门的官员，想知道如果风险人群中的每一个人都服用这种斯达汀类药物，因心脏病而死亡的人数将会有什么变化，那你最好使用总体平均系数。

当然，即使是在后一种公共卫生应用中，也有理由认为具体单位系数更具有实质性意义。假定真实模型是如方程 3.1 表达的基本随机效应 logistic 模型，其回归系数向量 β 和 γ 两者都是具体单位的。如果我们用 xtlogit 命令通过 GEE 办法估计这一模型，我们得到的将是总体平均系数 β^* 和 γ^*。这两套系数的差异程度取决于 α_i 的方差。特别地，如果 $\mathrm{var}(\alpha_i)=0$，那么 $\beta=\beta^*$，$\gamma=\gamma^*$。α_i 方差增加时，β^* 和 γ^* 的值将向 0 衰退。当 α_i 服从正态分布时，两者之间的近似关系为：

$$\beta^* \approx \frac{\beta}{\sqrt{0.346\mathrm{var}(\alpha_i)+1}} \qquad [3.3]$$

因此总体均值系数取决于 logistic 回归中未被观察的异质性的程度。对于上面的少女贫困问题数据，α_i 的方差估计值为 1.454。比较 GEE 系数估计值及随机效应系数估计值，我们发现上述关系确实近似地成立。

第 3 节 │ 与时间的交互作用

　　条件似然法的另一个不足之处是它不能对非时变变量的回归系数进行估计（尽管这些变量都被潜在地控制住了）。不过，时变变量与非时变变量之间的交互项还是可以被放进模型中。表 3.5 中，模型 1 放入了一个变量，它是 MOTHER 与 BLACK 的乘积，其系数在 0.05 水平上显著。注意，与绝大多数含有交互项的模型不一样，这里根本不用（事实上，根本就不能）纳入 BLACK 的主效应。交互项解释起来和线性模型中的一样。MOTHER 的系数 0.982 代表着当 BLACK ＝ 0 时，也就是说在非黑人少女中，MOTHER 的作用。取幂之后得到的对数发生比为 2.67。因此，对于非黑人少女来说，成为母亲将使陷入贫困的发生比在原来的基础上乘以 2.67。要得到成为母亲在黑人女孩中的影响，把主效应加上交互项系数，0.982 － 0.599 ＝ 0.383，就能得到一个低得多的发生比 1.46。

　　在模型 2 中，我们可以看到 YEAR 与两个时变变量（SCHOOL 和 HOURS）还有两个非时变变量（BLACK 和 AGE）之间的交互作用显著。在这一模型中，YEAR 被当做一个定量变量而非定类变量，从而使模型及其解释得到简化。[12] YEAR 的编码取值为 0 到 4（而不是 1 到 5），这样

SCHOOL 和 HOURS 的主效应可以被解释为 YEAR = 0 时这些变量的作用，也就说在第一个观察年份的作用。同在交互项中的 HOURS 和 AGE 则被表述为与它们各自对应均值的离差，这样可以使 YEAR 的主效应的解释变得容易。

表 3.5　带交互项的条件似然估计

	模型 1		模型 2	
	系　数	标准误	系　数	标准误
MOTHER	0.982 **	0.253	0.687 **	0.163
SPOUSE	−0.783 **	0.178	−0.741 **	0.178
SCHOOL	0.267 *	0.113	−0.311	0.190
HOURS	−0.0192 **	0.0032	−0.0060	0.0063
YEAR2	0.332 **	0.102		
YEAR3	0.334 **	0.108		
YEAR4	0.430 **	0.117		
YEAR5	0.400 **	0.128		
MOTHER * BLACK	−0.599 *	0.290		
YEAR			0.021	0.059
YEAR * SCHOOL			0.251 **	0.063
YEAR * HOURS			−0.0055 *	0.0021
YEAR * BLACK			−0.181 **	0.048
YEAR * AGE			−0.056 *	0.023

注：$^* 0.01 < p < 0.05$，$^{**} p < 0.01$。

对这些交互项的解释，时变变量与非时变变量之间有所不同。对于时变预测变量来说，通常最好是从各个自变量的作用是如何随时间变化而变化的角度来进行考虑。例如，SCHOOL 的作用可以表述为一个线性函数：$-0.311 + 0.251 \times$ YEAR。因此，第一年时，它的作用是负的并且统计检验不显著。年份每增加 1，它的影响就增加 0.251，这样到第五年时它的作用就达到了 0.693（用发生比来说就是 2）。对于 HOURS 变量，其作用是 $-0.0060 - 0.0055 \times$ YEAR。

这样 HOURS 的作用最开始时是负的,并且随着年头的增加会持续地变得更负,到第五年时变为 -0.028。这相当于说每多工作 1 小时将使陷入贫困的发生比降低 2.8%。

对于非时变自变量,交互项最好的解释方式是查看 YEAR 的作用是如何随着这些变量的变化而变化的。根据这些变量的编码方式,YEAR 的主效应(0.021)代表 YEAR 在那些既不是黑人也非在校生,并且年龄为平均开始年龄 15.65 岁,工作时间为平均工作时间 8.67 小时的少女中的作用。而在黑人少女中(其他特征都一样),年份的作用是主效应加上交互作用($0.021-1.81=-0.16$)。这相当于,每增加一年头,少女陷入贫困的发生比就减少 15%。我们也可以将 YEAR 的作用表达为第一个观察年份时年龄 AGE 的线性函数: $0.021-0.056×(AGE-15.65)$。如此,对 14 岁开始参与调查的此类少女来说,YEAR 的作用为 0.1134(大概是年份每增加 1 年,陷入贫困的发生比就增加 12%);而对于 17 岁的此类少女,该作用为 -0.0546(从发生比上讲,大约每年下降 5%)。[13]

第 4 节 | 混合（模型）法

在第 2 章中我们曾将固定效应法和随机效应法统一到一个模型中。这是通过把时变自变量分解成个体内部分与个体间部分，然后用这两个部分一起拟合随机效应模型来实现的。个体间部分就是每个变量的个体均值（person-specific mean，即个体内均值）。个体内部分即（个体各观察值）与个体均值的离差。

现在我们将这种方法扩展到 logistic 回归（Neuhaus & Kalbfleisch，1998）。与在线性回归中一样，这种模型的魅力在于我们能够：（1）在模型中纳入非时变变量；（2）进行比较固定效应和随机效应的检验；（3）拟合更多类型的模型。（3）的一个例子是：与条件似然法不同，混合法能够使用其他的连接函数，如 probit 和互补双对数函数。

再一次使用 Stata 中的 xtlogit 命令，我对少女贫困问题这一数据拟合了随机效应模型，结果呈现在表 3.6 中。所有以 M 开头的变量名都是指个体均值。所有以 D 开头的变量名对应的都是相对于上述个体均值的离差。离差变量的回归系数从功能上讲与固定效应系数等价，因为估计时只利用了个体内的变异信息，从而控制了所有恒定变量。在第 2 章的线性混合模型中，离差变量的系数与最小二乘虚拟变量法产生的完全一样。但在这里,离差变量的系数与表 3.4 中的条件似然法系数并不相等,尽管它们确实很相近。

表 3.6 少女贫困数据的混合模型

	系 数	标准误	p
DMOTHER	0.594	0.158	0.000
DSPOUSE	−0.807	0.179	0.000
DSCHOOL	0.275	0.113	0.015
DHOURS	−0.0210	0.0032	0.000
MMOTHER	1.079	0.181	0.000
MSPOUSE	−2.146	0.255	0.000
MSCHOOL	−1.362	0.202	0.000
MHOURS	−0.0468	0.0058	0.000
BLACK	0.572	0.097	0.000
AGE	−0.123	0.050	0.013
YEAR2	0.333	0.101	0.001
YEAR3	0.330	0.107	0.002
YEAR4	0.431	0.115	0.000
YEAR5	0.391	0.125	0.002
截距	1.893	0.819	0.021

那些均值变量的系数本身并不是很有意思,引人注意的是它们(在量上)比对应的离差变量大多少。一个常规的随机效应模型(没有离析个体内与个体间成分时)内在地假定离差系数与均值系数相等。在混合模型中非常容易就能对这一假定进行检验,通过直接检验各对系数之间是否相等即可。表 3.7 清楚地表明有必要反对这一假设,这意味着固定效应模型在这里要比随机效应模型更好。在表 3.7 中,最重要的检验是联合检验,它检验的是四个离差系数同时都与对应的均值系数相等。[14]

表 3.7　对均值系数与离差系数是否相等的检验

	卡方值(Chi-square)	p
MOTHER	4. 16	0.041
SPOUSE	19.31	0.000
SCHOOL	49.90	0.000
HOURS	15.70	0.000
联合检验(4 自由度)	79.10	0.000

　　混合方法的另一个优点,在于它能够得到非时变自变量的系数估计。例如,表 3.6 中,黑人有显著更高的贫困风险,而第一次访问时年龄更大的女孩的贫困风险显著地低一些。不过,记住下面这点很重要:不像离差变量的系数,BLACK 和 AGE 的系数并没有控制住未被观测的自变量。

　　在第 2 章中,我们见识了混合线性模型能够扩展成为允许时变自变量带上随机系数的模型。这在混合 logit 模型中也是可能的,尽管估计此类模型在计算上非常精深。在 Stata 中,带有随机系数的 logit 模型需要使用一个不同的命令:xtmelogit(在 Stata10 中首先引进)。对这一少女贫困问题的例子,我估计了一个允许 DMOTHER 带有随机系数的混合模型。这一系数的估计均值为0.603,标准差(不是标准误)为 0.751。这一标准差 95% 的置信区间为 0.272 到 2.075。由于这一置信区间并不包含 0,因此,作为证据可以表明母亲身份对于贫困状况的影响在不同个人之间确实存在着变异性。

第 5 节 | 多分类反应变量的 (固定效应)方法

到目前为止,我们只考虑了二分反应变量的情况。现在,有一个分类反应变量 y_{it},它能够取两个以上的值。假设这些取值都是整数值,范围从 1 到 J,巡标(running index)为 j。令 $p_{itj} = \mathrm{Prob}(y_{it} = j)$。接下来我们需要一个模型,以说明这些概率如何取决于预测变量 x_{it} 和 z_{it}。

我们先从因变量的这些类别是序次排列的情况开始。针对序次分类因变量,最常用的模型是累积 logit 模型,也被称为序次 logit 模型。这一模型的固定效应形式可以如此表述:

$$\log\left(\frac{F_{ijt}}{1 - F_{ijt}}\right) = \mu_{tj} + \beta x_{it} + \gamma z_i + \alpha_i, \ j = 1, \cdots, J-1$$

[3.4]

其中 $F_{ijt} = \sum_{m=j}^{J} p_{imt}$ 是落入某一个类别 j 或更高类别的"累积"概率。不幸的是,条件最大似然法不能用于这种模型,因它不能为 α_i 参数提供"简化充分统计量"(reduced sufficient statistics)。我们能做的是使用上一节讨论过的混合模型法,利用常规最大似然估计,配合稳健标准误,以调整各个体的多次观察之间的独立性不足。

　　作为示范，我们回到第 2 章中反社会行为的例子。在该数据集中，因变量 ANTI 是整数取值，并且取值范围为 0 到 6，但在线性回归模型中被当做定量因变量对待。这里，我们采取一种更恰当的方式把 ANTI 当做 logistic 模型中的一个序次分类变量。

　　与二分类因变量模型一样，本混合模型法的实现，同样是先计算每个预测变量的分个体均值，然后计算（各个观测值）相对于这些均值的离差。再将均值变量及离差变量都纳入累积 logit 模型中，作为预测变量。如果想得到具体单位系数，我们就得估计随机效应模型，但是很难找到可以对序次 logit 模型进行这种估计的商业软件。无奈之下，我们只好进行常规最大似然估计，并采用稳健标准误，以修正重复观察之间的相依问题。

　　我是用 Stata 中的 ologit 命令完成上述任务的，结果在表 3.8 中。这些结果与表 2.8 中利用混合线性模型法得到的极其相似。所有的 p 值都能让我们对每个系数得出相同的结论。尽管在多数情况下并非如此，但上述系数及标准误已然非常相近。累积 logit 模型的系数表示落入因变量中较高类别而非较低类别的对数发生比的变化量。与二分类回归模型一样，对这些系数取指数幂之后就能得到发生比。要想了解更多有关如何解释这些系数的细节，可以参看笔者的另一本书（Allison，1999a）。

表 3.8　反社会行为的混合累积 logit 模型

	系　数	稳健标准误	p
DSELF	-0.064	0.013	0.000
DPOV	0.116	0.117	0.320
MSELF	-0.108	0.027	0.000
MPOV	0.696	0.185	0.000
BLACK	0.153	0.157	0.330
HISPANIC	-0.310	0.169	0.065
CHILDAGE	0.083	0.111	0.453
MARRIED	-0.189	0.163	0.247
GENDER	-0.598	0.128	0.000
MOMAGE	-0.017	0.029	0.557
MOMWORK	0.190	0.146	0.195
TIME_2	0.016	0.069	0.819
TIME_3	0.167	0.077	0.030

　　两个离差变量 DSELF 和 DPOV 的系数可以当做固定效应系数来解释。因为这些系数只取决于个体内的历时变化，并且它们控制了所有恒定的预测变量。对这两个离差系数等于对应均值系数的原假设进行检验（利用 Stata 中的 test 命令），发现自由度为 2 时卡方值为 9.02，这在 0.01 水平上显著。与在线性模型中一样，其绝大部分原因源于 MPOV 及 DPOV 的系数差异太大。这意味着即使通过稳健标准误修正了各观察之间的相依性，常规序次 logit 模型在这里仍不是合适的，至少对 POV 变量来说不合适。在此，我们得将注意力集中在离差系数上，因为它们控制了所有非时变自变量。

　　现在我们转到更复杂的情况，这里因变量各个类别之间并不存在序次关系。对于非序次分类变量使用最广的是多分类 logit 模型，也被称为广义 logit 模型。下面是这一模型的固定效应形式：

$$\log\left(\frac{p_{ij}}{p_{iJ}}\right) = \mu_{ij} + \beta_j x_{it} + \gamma_j z_i + \alpha_{ij}, \; j = 1, \cdots, J-1$$

[3.5]

方程 3.5[①] 可以被看做一套联立的二分类 logistic 回归方程，每个方程都将因变量的某一个类别与最后一个类别进行比较。固定效应 α_{ij} 在不同个体之间及不同反应值之间都可以变动，但不随时间变动。

固定效应多分类 logit 模型像二分类 logit 模型一样，可以为 α_{ij} 提供简化充分统计量，也即，为每个个体提供不同响应值的频次计数。原则上讲，这一模型可以通过在限定那些计数的条件下，采用条件最大似然法进行估计（Chamberlain，1980）。不过没有现成的商业软件可以实现这一点。如果时变预测变量是定类的，那么模型就可以转变为对数线性模型并在相应的框架下进行估计（Conaway，1989；Darroch & McCloud，1986；Kenward & Jones，1991；Tjur，1982）。不过，建立一个那样的模型有一点复杂，这里暂不考虑该方案。

另一种估计的方法是将多分类模型分解成为几个二分类模型，一个模型对应着一个特定类别与参照类之间的比较（Allison，1999a；Begg & Gray，1984）。然后，每个二分类模型都可以采用本章已经讨论过的条件 logistic 回归方法进行估计。尽管这一方法可以产生近似无偏的系数估计，但估计结果将因参照类的选择不同而存在差异。另外，缺乏各个变

---

① 原书为方程 3.4，根据上下文，当为编辑错误。——译者注

量对因变量的作用的整体检验。

如我们在累积 logit 模型中看到的一样,要估计带有固定效应的多分类 logit 模型,混合模型法是最容易实现的方法。作为示例,我们回到本章大部分地方都在使用的例子,该数据中有 1151 名十几岁的少女,她们被连续观察五年,每年一次。不过这一次,我们将使用一个新的反应变量 EMP-STAT,它有如下三个类别:

> (1) 正处于就业状态;
>
> (2) 失业(下岗或正在找工作);
>
> (3) 退出劳动力市场(正在上学、在家料理家务等等)。

至于自变量,我们将使用 MOTHER(目前至少有一个孩子),SPOUSE(目前与丈夫同住),目前的年龄 AGE,以及 BLACK(与非黑人相对)。前 3 个变量为时变变量。

第一步是计算各个时变变量分个体的均值以及相对于这些均值的离差。由于有 241 条记录的反应变量 EMP-STAT 为缺失值,因此在删除了这些带有缺失值的记录之后再计算均值非常重要。

为了在 Stata 中估计多分类 logit 模型,我使用的是 mlogit 命令,并配以稳健标准误,来修正各个个体多次重复观察之间的相依问题。

结果呈现在表 3.9 的前两列数字中。从中可以看到两个二分类回归方程,每一个都将 EMPSTAT 中的一个类别与参照类——类别 1(处于就业中)——进行比较。这里的回归

表 3.9　就业状况的混合多分类 logit 模型

	GEE 估计(总体均值系数)				随机效应估计(具体单位系数)			
	失业 VS. 就业		退出劳动力市场 VS. 就业		失业 VS. 就业		退出劳动力市场 VS. 就业	
	系　数	稳健标准误	系　数	稳健标准误	系　数	标准误	系　数	标准误
DMOTHER	0.927**	0.160	0.799**	0.155	1.237**	0.201	0.951**	0.221
MMOTHER	1.656**	0.163	0.389*	0.167	2.185**	0.212	0.611**	0.234
DSPOUSE	0.640**	0.180	0.569*	0.221	0.816**	0.211	0.617*	0.269
MSPOUSE	0.678**	0.242	-1.111**	0.264	0.829**	0.305	-1.459**	0.394
DAGE	-0.070*	0.029	-0.381**	0.027	-0.131**	0.037	-0.503**	0.033
MAGE	-0.306**	0.045	-0.505**	0.046	-0.394**	0.061	-0.663**	0.062
BLACK	0.393**	0.096	0.499**	0.093	0.597**	0.127	0.720**	0.130
截距	4.381**	0.799	8.612**	0.802	5.630**	1.076	11.29**	1.091

注: * $0.01 < p < 0.05$, ** $p < 0.01$。

系数都是在假定所有观测彼此独立的条件下的常规最大似然估计,不过标准误却都修正了相依问题。需要记住的是,这些系数都是总体均值系数而非具体单位系数。

通过关注离差变量,我们可以看到成为母亲将增加失业或退出劳动力市场的发生比。与丈夫居住将提高失业(相对于就业)的发生比,但会减小退出劳动力市场(相对于就业)的发生比。当少女年龄变大时,她们将稍微不那么容易失业,并且将相当地不那么容易退出劳动力市场。我还对每个离差变量系数是否等于对应的均值变量系数进行了检验,因此也就检验了固定效应模型与常规 logistic 回归模型是否等价。对于这两个二分回归方程,卡方检验都高度显著。

在表 3.9 的最后两列中,我们可以看到另一套多分类 logit 模型估计结果,这是通过 Stata 的 xtlogit 命令估计两个分开的随机效应模型得到的。在第一个模型(失业相对于在职)中,所有"退出劳动力市场"的记录都被丢掉了。而第二个模型(退出劳动力市场相对于在职)中,所有处于"失业"类别的记录都被排除在外。比较随机效应估计值和 GEE 估计值,可以发现所有系数的符号和显著性水平差不多都相同。不过,随机效应估计结果在大小上普遍要大一些,因为它们是具体单位的而非总体平均的。

第 6 节 ｜ **总结**

　　第 2 章针对线性模型的所有固定效应方法都可以扩展应用到定类因变量上。基本要旨是一样的。固定效应方法能够控制所有未被观测的非时变变量的潜在干扰作用。不过在另一方面，相对于其他方法，固定效应方法趋向于具有较低的效率，因为个体间的变异未被考虑。当然，对于定类因变量，需要使用几个略有不同的估计程序。

　　本章的主要焦点在于二分类反应变量的回归模型。当每个个体恰好都只被观察两次时，固定效应 logistic 模型可以用常规 logistic 回归程序，通过条件最大似然法进行估计。这一方法需要如下几个步骤：放弃所有在两次观察中因变量取值相同的案例，将所有时变自变量都重新编码为差分值，然后对两个反应变量之一拟合常规二分类 logistic 回归。

　　当每个个体的因变量仍然为二分变量，但都有两个以上的观察记录时，需要一种不同的数据结构，要求每个人的每一次回应都有一条单独的记录。但是，由于"简化充分统计量问题"，我们不能简单地估计含有标识的每个个体的虚拟变量的常规 logistic 回归。这种回归产生的估计系数将偏离 0，尤其是当每个个体的观察数很小时。解决之道在于使用条件最大似然法将固定效应移出似然方程。在 Stata 中，这可以通过 xtlogit 或 clogit 命令来完成。

很多研究者使用 GEE 估计或者随机效应 logistic 回归，而不是固定效应 logistic 回归，前两者都可以通过 xtlogit 命令进行。与固定效应方法相比，这两种方法都没有对未被测量的非时变解释变量进行任何控制。和固定效应一样，随机效应估计产生"具体单位"系数而不是"总体平均"系数。后者一般都会因为未被观测的异质性而逐渐向 0 消退变小。

固定效应和随机效应方法可以通过估计一个随机效应模型的方式综合成混合模型，估计前将时变预测变量分解为个体均值与相对这些均值的离差，然后再估计一个随机效应模型。如我们在第 2 章看到的一样，混合模型允许我们在其中纳入非时变变量，并且提供了一个比较固定效应模型和随机效应模型的简单检验。

至于含有两个以上类别的反应变量，在商业软件中通常都无法对固定效应 logistic 回归进行条件最大似然估计。退而求其次，不管是针对序次因变量还是名义因变量，目前最好的办法还是使用混合模型法，并利用稳健标准误修正（各观察记录间的）相依问题。

第 **4** 章

計数変量的固定效应模型

我们的因变量经常会是某种计数：小孩数、过去一年的性伴侣数、家里的电脑数量、过去五年被拘捕的次数，等等。很多研究者把计数变量当做连续测量变量，并使用一般最小二乘回归进行分析。这样做可能不恰当，原因有一些。例如，计数变量必定是离散型的，并且取值不能小于 0。它们的分布通常都是高度偏态的。

一种通常更好的办法是估计泊松回归模型（poisson regression model）或负二项回归模型（negative binomial regression model），这两种方法专门被设计用来对计数变量建模（Long, 1997）。在对它们进行简略介绍后，我们将考察如何扩展这些计数变量模型，以处理每个个体被观察多期的数据，并带上固定效应以控制所有非时变预测变量。[15] 在此过程中，我们将再次遇到上一章讨论二分类结果变量模型时出现的很多问题。不过，困扰 logistic 回归的那些估计问题在计数变量模型中没有那么严重。

我们先来考虑一下将会贯穿本章的例子。这一数据包含 346 个制造业公司，记录了从 1975 年到 1979 年每个公司每年获得的专利数量。有关这一数据的已有分析可以在霍尔、格瑞里奇及豪斯曼的著作（Hall et al. , 1986）以及卡梅伦和特里维迪的著作（Cameron & Trivedi，1998）中找到。原始数据集中每个公司有一条记录，每条记录中变量 PAT75 到 PAT79，包含这五年各年的专利数量。作为预测变量，我们有 1970 年到 1979 年每个公司研究与发展开支的对数值（LOGR70 到 LOGR79）。同时也包括两个非时变变量：LOGSIZE 是 1972 年公司账面价值的对数；SCIENCE 是虚拟变量，如果公司属于科技行业则为 1，不属于科技行业则为 0。

第 1 节 | 每个个体被观察两期的
计数数据泊松模型

　　和在前面几章看到的一样，当每个个体只有两期观察数据时，线性及 logistic 固定效应分析可以通过常规软件用简化方法完成。对于计数数据，这同样可行。事实上，固定效应泊松回归模型可以采用用于分组数据的普通 logistic 回归程序进行估计。

　　为了用专利数据说明这一点，我们将忽略中间的年份，而只关注 1975 年和 1979 年的记录。令 y_{i1} 表示公司 i 在 1975 的专利数，y_{i2} 表示在 1979 年的专利数。这两个变量都被假定服从期望值为 λ_{it} 的泊松分布。这样，$y_{it} = r$ 的概率由如下方程给定：

$$\Pr\,(y_{it} = r) = \frac{\lambda_{it}^r e^{-\lambda_{it}}}{r!},\ r = 0,\ 1,\ 2,\ \cdots \quad [4.1]$$

　　泊松分布可能是所有分布中最简单的适合计数数据的概率分布。它可以从满足如下假定的随机过程模型中推导出来：(1)事件(在这里是专利)不能同时发生，并且(2)事件之间彼此独立(Cameron & Trivedi, 1998)。所谓彼此独立，意思是一个事件的发生并不会提高或降低将来事件的发生概率。

　　注意，我们的模型并没有假定整个样本都服从某一单一泊松分布。相反，每个公司的专利数都来源于不同的泊松分布，分布的期望值 λ_{it} 在不同公司及不同时期都可以不同。泊松分布的独特性在于它的均值和方差相等：

$$E(y_{it}) = \mathrm{var}(y_{it}) = \lambda_{it} \qquad [4.2]$$

　　不幸的是，我们将看到，这一性质有时也会导致一种被称为过离散（overdispersion）的问题，这种问题会严重危害泊松回归模型的估计。

　　接下来，我们令 λ_{it} 作为自变量的对数线性函数

$$\log \lambda_{it} = \mu_t + \beta x_{it} + \gamma z_i + \alpha_i \qquad [4.3]$$

　　与前面各章一样，x_{it} 表示时变预测变量，z_i 则表示非时变预测变量，α_i 表示未被观察的"固定效应"。和以前一样，把 α_i 当做一套固定的常数，等价于将它们当做可以与 x_{it} 存在任意的不受限的相关的随机变量。向量 x_{it} 包括当前年份 t 及此前五年每一年的研究与发展开支。

　　我们的目标是估计出方程 4.3 中的参数。为了实现这一点，需要使用条件最大似然法，即第 3 章中用来估计固定效应 logistic 模型的方法。考虑到 y_{i2} 的分布以两个时期汇总的事件总数（表达为 $w_i = y_{i1} + y_{i2}$）为条件，因此它可以表示为 $y_{i2} \mid w_i - B(p_i, w_i)$。也就是说，在满足总数量为 w_i 的前提下，1979 年的专利数 y_{i2} 服从参数为 p_i 和 w_i 的二项分布，其中：

$$p_i = \frac{\lambda_{i2}}{\lambda_{i2} + \lambda_{i1}} \qquad [4.4]$$

经过一些运算,得到:

$$\log\left(\frac{p_i}{1 - p_i}\right) = (\mu_2 - \mu_1) + \beta(x_{i2} - x_{i1}) \qquad [4.5]$$

这样,我们就已将泊松回归模型转变为自变量为原始自变量差分值的 logistic 回归模型。注意,和以往的情况一样,α_i 和 γz_i 都被从方程 4.5 中消除掉了。

为了在 Stata 中实现这一条件法,我使用了 blogit 命令,它可以对分组二项数据(grouped binomial data)进行最大似然估计(ML estimation)。blogit 命令要求因变量包括两个部分:"事件"(events)数以及"试验"(trials)数。通过提交下面的命令,我首先估计了一个不带任何自变量(仅含截距项)的模型。

```
blogit pat79 total
```

其中 PAT79 是 1979 年的专利数,TOTAL 等于 PAT75 ＋ PAT79。估计得到的截距为 － 0.1386,对应的标准误为 0.0129,所得 z 统计量为 － 10.68。这告诉了我们什么呢? 如果用 m_1 表示年份 1 的平均专利数,而 m_2 为年份 2 的平均专利数的话,这一截距其实就是 $\log(m_1/m_2)$。如果这两个年份的专利数恰好一样,那截距就会等于 0。上述结果为负,表明平均专利数随着时间推延在下降。更具体的说,如果我们计算:

$$100[\exp(-0.1386) - 1] = -12.9\%$$

就可以得到平均值从 1975 年到 1979 年下降的比例。另外,由于截距对应的 z 统计量如此之大,我们可以拒绝认为这两个年份的均值相等的虚无假设。

事实上,这个 z 统计量太大了。由于所谓的过离散问题,基于泊松分布估计所得的常规标准误只是真实标准误的一个低估值。在后文我们将更详细地讨论离散问题。在那以前,我们可以在 Stata 中使用刀切法或者自助法选项,以获得稍微好一些的标准误估计。这些计算密集型方法利用数据集的众多子样本或再抽样样本反复进行分析,以估计标准误(更详细的解释可以参考 Mooney & Duval,1993)。这里,刀切法标准误为 0.0371,产生的 z 统计量为 -3.74。自助标准误为 0.0358,对应 z 统计量为 -3.78。尽管这些 z 统计量比原来的常规 z 统计量要小很多,但很显然,它们仍然是高度显著的。

下一步将纳入自变量,它们是研究与发展经费支出对数的差分值。为了与以往对这一数据的分析保持一致,我们的分析目标是同时纳入"当前"的研究与发展开支和此前五年每年开支的时滞值。为此,我定义了如下变量:

$$RD0 = LOGR79 - LOGR75$$
$$RD1 = LOGR78 - LOGR74$$
$$RD2 = LOGR77 - LOGR73$$
$$RD3 = LOGR76 - LOGR72$$
$$RD4 = LOGR75 - LOGR71$$
$$RD5 = LOGR74 - LOGR70$$

RD0 是计算专利数那两年的差分值,RD1 到 RD5 是 1 到 5 年的时滞值的差分值。这 6 个变量都被纳入分组

logistic 回归模型作为解释变量，结果呈现在表 4.1 的模型 1 中。

检查这些参数的估计值及相应的统计量，可以看到 RD0，研究与发展支出的同期测量值对专利数有着高度显著的影响，系数为 0.5214。解释这一系数时，需留意因变量（专利数的期望值）和自变量（研究与发展开支）都被取了对数（见方程 4.3）。因为两个变量都被取了对数，我们可以说，在控制了研究与发展经费的时滞测量后，研究发展经费 1% 的增长与同一年期望专利数 0.52% 的增长有关。开支的时滞测量值的影响比这要小得多。

这里我们仍需要使用更为稳健的标准误估计以处理过离散问题。呈现在表 4.1 中的自助标准误达到常规标准误的两倍。使用自助标准误后，我们发现只有 RD0 仍保持统计显著，而且即使是这个变量，它的 z 统计量也大大地变小了。

表 4.1　专利数据的条件泊松估计——两个时期

	模型 1			模型 2		
	系　数	常规 标准误	自助 标准误	系　数	常规 标准误	自助 标准误
RD0	0.521	0.084 **	0.207 *	0.533	0.085 **	0.209 *
RD1	−0.207	0.113	0.227	−0.192	0.113	0.256
RD2	−0.118	0.111	0.277	−0.137	0.111	0.341
RD3	0.060	0.096	0.263	0.062	0.096	0.314
RD4	0.181	0.090 *	0.244	0.183	0.091 *	0.209
RD5	−0.093	0.069	0.118	−0.100	0.069	0.167
SCIENCE				0.023	0.028	0.089
LOGSIZE				0.017	0.008 *	0.017
截距	−0.222	0.018 **	0.052 **	−0.347	0.062 **	0.138 *

注：* $0.01 < p < 0.05$，** $p < 0.01$。

　　和我们前面的固定效应模型一样,表 4.1 中的估计也都控制住了所有在不同时期保持稳定不变的变量。尽管系数解释起来不那么直截了当,我们仍可以把不随时间变化而变化的自变量放入模型。表 4.1 中的模型 2 含有虚拟变量SCIENCE(是否属于科技行业)以及 LOGSIZE(公司账面价值)。当我们使用自助标准误时,这两个变量都没有达到统计显著。它们的系数可以解释为与时间的交互作用的大小。与所有的交互项一样,这些系数可以采用两种不同的解释方式。例如,SCIENCE 的系数 0.0275 可以表示 SCIENCE 在1979 年的系数与在 1975 年的系数的差异。它在统计上高度不显著,说明这一变量在这两个年份有着相等的作用。或者,我们可以将 0.0275 解释为时间对属于科技行业的公司的影响的增加量,相对于那些不属于科技行业的公司。当然,因为它远没有达到统计显著的水平,我们可以得出如下结论:这两种不同行业的公司的专利数的变化率实质上是一样的。类似的解释也可对 LOGSIZE 作出。

第 2 节 | 多期数据泊松模型

　　当个体在两个以上的时期得到观察时,固定效应泊松模型的估计需要采取不同的方法。现在我们继续上文的例子,分析 1975 年到 1979 年每一年的专利数——用 y_{it} 表示。和前面一样,我们假定每个 y_{it} 都来自方程 4.1 给定的期望值为 λ_{it} 的泊松分布,令 λ_{it} 像方程 4.3 所给定的那样,是自变量的对数线性函数。

　　有两种方法对这一模型进行估计,条件最大似然估计和无条件最大似然估计。在条件最大似然估计中,似然函数建立在每个个体(不同时期)的专利数的总和一定的条件上,它能消除固定效应(α_i)。所得条件似然值(Cameron & Trivedi,1998)与下面的方程成比例:

$$\prod_i \prod_t \left(\frac{\exp(\mu_i + \beta x_{it})}{\sum_s \exp(\mu_s + \beta x_{is})} \right)^{y_{it}} \qquad [4.6]$$

　　在 Stata 中,这一似然值可用 xtpoisson 命令来进行最大化(这一命令同样可估计随机效应及总体平均模型)。该命令要求数据集已被重构为每个公司每一年都有一条记录的形式,并且有一个共同的 ID 变量将来自同一公司的 5 条记录连在一起[16]。新数据集有来自 346 个公司的 1730 条记录。表 4.2 展示了样本前 4 个公司的 20 条记录。

表 4.2 重构数据集前 4 个公司的观察记录

观测值	ID	t	PATENT	RD0	RD1	RD2	RD3	RD4	RD5
1	1	1	32	0.92327	1.02901	1.06678	0.94196	0.88311	0.99684
2	1	2	41	1.02309	0.92327	1.02901	1.06678	0.94196	0.88311
3	1	3	60	0.97240	1.02309	0.92327	1.02901	1.06678	0.94196
4	1	4	57	1.09500	0.97240	1.02309	0.92327	1.02901	1.06678
5	1	5	77	1.07624	1.09500	0.97240	1.02309	0.92327	1.02901
6	2	1	3	−1.48519	−0.68464	−0.15087	0.08434	−0.21637	−0.45815
7	2	2	2	−1.19495	−1.48519	−0.68464	−0.15087	0.08434	−0.21637
8	2	3	1	−0.60968	−1.19495	−1.48519	−0.68464	−0.15087	0.08434
9	2	4	1	−0.58082	−0.60968	−1.19495	−1.48519	−0.68464	−0.15087
10	2	5	1	−0.60915	−0.58082	−0.60968	−1.19495	−1.48519	−0.68464
11	3	1	49	3.67434	3.58542	3.52962	3.44199	3.40697	3.39054
12	3	2	42	3.77871	3.67434	3.58542	3.52962	3.44199	3.40697
13	3	3	63	3.82205	3.77871	3.67434	3.58542	3.52962	3.44199
14	3	4	77	3.88021	3.82205	3.77871	3.67434	3.58542	3.52962
15	3	5	80	3.90665	3.88021	3.82205	3.77871	3.67434	3.58542
16	4	1	0	0.43436	0.53714	0.53714	0.58779	0.48454	0.54340
17	4	2	0	0.33836	0.43436	0.43436	0.53714	0.58779	0.48454
18	4	3	1	0.36561	0.33836	0.33836	0.43436	0.53714	0.58779
19	4	4	0	0.43860	0.36561	0.36561	0.33836	0.43436	0.53714
20	4	5	0	0.42459	0.43860	0.36561	0.36561	0.33836	0.43436

　　和在两期数据情况下一样,我们的回归模型中包括当年的研究发展经费及此前五年的经费。模型也纳入了与五个年份中的四个对应的年份虚拟变量组(第一年被作为参照类)。表 4.3 中的结果与我们表 4.1 中用五年中两个年份数据得到的相似。即当年的研究发展经费支出(RD0)有很强的作用,而时滞值影响要弱得多(RD1 到 RD5)。TIME 系数表明:在这五年期间专利数有显著的下降趋势。请注意:固定效应模型没有报告截距信息,因为截距项被从条件似然函数中消除了。

　　在该表中,分别用常规方法及自助法对固定效应(条件似然法)标准误进行了估计。[17] 和两期分析一样,自助标准误要比常规标准误大得多,多数情况下前者都接近后者的两倍。原因还是泊松回归中非常常见的过离散问题。大体上讲,过离散意味着事件计数的实际变异要比基于某一泊松分布的期望变异多。这是经常发生的,因为回归模型通常难以囊括解释这些计数变异的所有原因。不过,由于我们估计的是固定效应模型,已经控制住了公司间在专利数上的所有变异。因此,能够引发过离散问题的被忽略变量只能是那些随着时间变化在公司内有所变动的变量。在含泊松回归的某些软件(如 SAS)中,你可以得到某种被称为偏差的统计量,它能够直接测量过离散的程度。但 Stata 不为常规泊松回归报告偏差统计量,因此使用自助标准误或刀切标准误以避免潜在错误总是一种好办法。

　　为了进行比较,表 4.3 同时报告了使用 xtpiosson 估计的另外两种模型,随机效应模型和总体均值模型(由广义估计方程或 GEE 估计所得)。与固定效应模型一样,随机效应模型也能用方程 4.1 和方程 4.3 描述,只是其中的 α_i 被假定为具有特定概率分布的随机变量,并且和x_{it}及z_i相互独立。这一独立假定,意味着随机效应模型没有控制未被观察的协变因素。

Stata 中的默认设置假定 α_i 服从对数伽马分布,不过也能将其设定为正态分布。而在总体均值模型中,并没有假定泊松回归方程中还存在一个干扰项,而只是允许每个公司的各次观察之间存在相关。[18]这种总体均值模型是通过 GEE 方法进行估计的,如在 logistic 模型中一样,这种方法是一种迭代广义最小二乘法。随机效应及 GEE 估计都很容易受过离散问题影响,因此常规标准误是有偏的。针对随机效应模型,我报告了自助标准误。对于 GEE 模型,我报告了更容易计算的稳健标准误,但 xtpoisson 命令中无法为随机效应及固定效应模型提供这一标准误。

表 4.3　专利数据的泊松回归估计——5 个时期

	固定效应			随机效应		GEE 估计	
	系　数	常规标准误	自助标准误	系　数	自助标准误	系　数	稳健标准误
RD0	0.322	0.046 **	0.084 **	0.477	0.072 **	0.303	0.053 **
RD1	−0.087	0.049	0.087	−0.008	0.058	0.049	0.056
RD2	0.079	0.045	0.064	0.136	0.061 *	0.167	0.051 **
RD3	0.001	0.041	0.072	0.059	0.090	0.085	0.062
RD4	−0.005	0.038	0.065	0.028	0.051	0.050	0.042
RD5	0.003	0.032	0.063	0.082	0.067	0.038	0.043
TIME 2	−0.043	0.013 **	0.017 *	−0.047	0.016 **	−0.048	0.017 **
TIME 3	−0.040	0.013 **	0.026	−0.056	0.024 *	−0.052	0.026 *
TIME 4	−0.157	0.014 **	0.036 **	−0.190	0.041 **	−0.178	0.043 **
TIME 5	−0.198	0.015 **	0.033 **	−0.253	0.038 **	−0.234	0.041 **
截距				−1.403	0.081 **	1.828	0.123 **

注:* $0.01 < p < 0.05$, ** $p < 0.01$。

　　与我们在此前的比较中看到的一样,固定效应估计的标准误要比随机效应及 GEE 模型的大。一如平常,这是因为固定效应只使用了公司内的变异而完全放弃了公司间变异的原因。事实上,五年期间每年的专利数为 0 的公司根本就被排除在条件似然函数之外。这一数据集中了 22 个这样的公司。从好的方面看,固定效应估计控制了所有稳定的公司属性,而随机效应及 GEE 估计只控制了被明确纳入模型的那些公司层面的性质(在这几个模型中没有纳入一个这样的变量)。就本分析而言,三种方法的结果唯一的主要区别在于:随机效应及 GEE 模型结果显示 RD2 有一定作用,而固定效应模型中并不存在此类证据。

　　固定效应泊松回归模型也可以使用无条件最大似然法进行估计。这是通过估计一个含有标识所有公司(少一个)的虚拟变量组的常规泊松模型来实现的。在讨论 logistic 回归模型的第 3 章中,我们已经看到条件最大似然估计和无条件最大似然估计产生了不同的估计结果。而且,无条件最大似然估计是错误的——他们倾向于产生太大的系数估计。不过,在泊松回归模型中,条件及非条件最大似然估计总是产生相同的结果(Cameron & Trivedi, 1998)。因此,选择哪一个纯粹是看哪个计算起来更方便。在 Stata 中,使用无条件法分析本专利数据所花的时间要长得多,因为需要估计超过 300 个虚拟变量的系数。不过,很多软件包(如 SAS)不含进行条件泊松回归的程序,在这种情况下就只好选择无条件最大似然估计了。

　　表 4.3 中的自变量都是时变变量。我们是否也能在固定效应模型中纳入非时变变量呢? 在上文中,当每个公司只

有两条记录时,我们在用于泊松模型条件估计的 logistic 模型中纳入了两个非时变变量。而这些变量的系数被解释为与时间的交互作用。但是此刻,非时变变量不能被直接纳入模型。不过,我们可以设置非时变变量与时变变量,包括时间本身之间的交互项。例如,有人可能假定研究发展经费支出对科技公司专利数的影响要比在非科技公司的大。表 4.4 报告的是一个纳入了 SCIENCE 和 RD0 乘积项的模型的结果。可以看到,没有必要(甚至根本不能)纳入 SCIENCE 的主效应。简单起见,这一模型中删除了在表 4.3 中不显著的研究发展开支的时滞效应。

表 4.4　含有非时变协变量的条件泊松估计

	固 定 效 应		
	系　数	常规标准误	自助标准误
RD0	0.375	0.048**	0.078**
RD0 * SCIENCE	−0.204	0.067**	0.188
TIME_2	−0.034	0.013**	0.014*
TIME_3	−0.034	0.013**	0.020
TIME_4	−0.151	0.014**	0.031**
TIME_5	−0.189	0.015**	0.035**

注: $^*0.01 < p < 0.05$, $^{**}p < 0.01$。

从表 4.4 中,我们可以看到,在使用常规标准误时,RD0 与虚拟变量 SCIENCE 之间的交互作用显著,而在自助标准误下,这一交互作用并不显著。但不管是在哪种情况下,交互项的作用都与假设——研究发展经费对专利数的影响在科技公司要比非科技公司大——相反。更具体地说,研究发展经费在非科技公司的影响是 RD0 的主效应,即 0.375。而在科技公司,其作用是 $0.375 - 0.204 = 0.171$,等于主效应加上交互作用。

现在我们检验一下专利数的变化速率在科技行业与非科技行业是否存在差异。对于表 4.5 中的模型，我限定时间为线性作用，然后纳入一个 SCIENCE 与 TIME 的交互作用项。表 4.5 中的结果未能证明科技公司和非科技公司的专利数在变化速率上有所不同。交互项系数还远没有达到统计显著的水平(不管是用常规标准误还是自助标准误)，其大小也仅仅只有时间主效应的 2%。

表 4.5　条件泊松估计——含与时间的交互作用

	固定效应		
	系　数	常规标准误	自助标准误
RD0	0.276	0.039	0.075
TIME	−0.049	0.005	0.010
SCIENCE * TIME	−0.001	0.006	0.016

第 3 节 | 计数数据的固定效应
负二项模型

　　如我们刚刚已经看到的,固定效应泊松回归模型很容易受到过离散效应的影响。这多少有些出人意料,因为固定效应模型已经通过 α_i 参数允许不同个体之间存在未被观测到的异质性。但是这种异质性被假定不随时间变化而变化,然后仍然可能存在着仅仅属于某些特定时点的未被观测到的异质性,正是它们导致了观察到的过离散。正如我们所见的,在过离散情况下,可以通过使用自助法及刀切法对标准误进行矫正。尽管这种方法并不坏,但通过直接将过离散问题建构到事件计数模型中,我们可能做得更好。

　　为了模拟这种过离散,我们假定每个公司每个时点的专利数来自某一个负二项分布。负二项分布是一般化的泊松分布,通过一个额外的参数,它允许过离散存在。负二项模型的吸引之处在于,它所估计的系数更加有效(抽样变异更小),而且其标准误及统计检验比诸如自助法及刀切法之类的经验的、事后的调整更精确。

　　不过,负二项回归模型公式化的方式不止一种。这里使用的是被卡梅伦和特里维迪(Cameron & Trivedi,1989)称做 NB2 的模型,其中 y_{it} 的概率质量函数(pmf)是这样定义的:

$$\Pr(y_{it} = r) = \frac{\Gamma(\theta + r)}{\Gamma(\theta)\Gamma(r+1)} \left(\frac{\lambda_{it}}{\lambda_{it} + \theta}\right)^r \left(\frac{\theta}{\lambda_{it} + \theta}\right)^\theta$$

$$[4.7]$$

在这一方程中，λ_{it} 是 y_{it} 的期望值，θ 是过离散参数，$\Gamma(\cdot)$ 是伽马函数。当 $\theta \to \infty$，这一分布向泊松分布收敛。如在泊松模型中一样，我们假定 y_{it} 的期望值可以被一个对数线性方程描述：

$$\log\lambda_{it} = \mu_t + \beta x_{it} + \gamma z_i + \alpha_i \qquad [4.8]$$

其中 α_i 作为固定效应处理。在控制 α_i 的条件下（conditional on α_i），每个个体（如本例题中的一个公司）的几个计数值被假定彼此独立，尽管在无条件状况下，它们可能互相依赖。

这一模型如何能被估计出来呢？不像泊松模型，在这里不能用条件似然法。用技术术语来说，每个个体的计数总和并不是 α_i 的"完全充分统计量"（complete sufficient statistic），因此以总数为条件（conditioning on the total counts）并不能将 α_i 从似然方程中消除掉。豪斯曼、霍尔及格瑞里奇（Hausman et al.，1984）提出了一种非常不同的固定效应负二项回归模型，他们为该模型推导出一种条件最大似然估计量。事实上，他们的方法已经被吸收进 Stata 的 xtnbreg 命令中。不过埃里森和沃特曼（Allison & Waterman，2002）已表明这种方法并非真正的固定效应回归模型，它事实上并没有控制所有的固定自变量，下面我们就会看到这一点。

相反，我们将进行无条件最大似然估计，通过估计纳入了标识所有个体（除其中一个外）的虚拟变量的负二项回归模型的方式。在 Stata 中，这可以通过 nbreg 命令实现。[19] 这一模型的运算非常慢，因为有大量公司虚拟变量的系数需要估计。为了稍微提高速度，我忽略掉 22 个在此五年中没有任何专利的公司。这些公司对似然函数没有任何贡献，并且其虚拟变量系数不收敛。

　　表 4.6 中的结果应该与表 4.3 中固定效应泊松回归的结果进行比较。这里没有将与各个公司对应的虚拟变量的系数呈现出来。显然，负二项回归模型的系数与泊松模型的结果非常相似。而且，负二项模型的标准误及检验统计量与自助标准误泊松模型的相近。标签为 Alpha 的估计参数是离散性的一种测量。事实上，它是 $1/\theta$ 的估计，其中 θ 为方程 4.7 中的那个参数。很明显阿尔法大于 0，系数取值达到其对应标准误取值的 10 多倍，这意味着存在显著的过离散。

表 4.6　固定效应负二项模型的无条件估计

	固 定 效 应 模 型		
	系　数	常规标准误	梯度外积（OPG）标准误
RD0	0.371**	0.063	0.072
RD1	−0.083	0.068	0.073
RD2	0.064	0.064	0.075
RD3	0.014	0.060	0.071
RD4	0.034	0.056	0.060
RD5	0.002	0.046	0.052
TIME_2	−0.049*	0.023	0.027
TIME_3	−0.051*	0.023	0.029
TIME_4	−0.159**	0.024	0.028
TIME_5	−0.224**	0.025	0.028
截距	3.677	0.118	0.101
Alpha	0.020**	0.002	0.002

　　注：* $0.01 < p < 0.05$，** $p < 0.01$。

　　Stata 还报告了 Alpha = 0 这一虚无假设的似然比卡方统计量，在这里它的取值为 499.54，对应自由度为 1，无论以什么标准来说,这都是统计显著的。这一统计量是通过将负二项模型的对数似然值与泊松模型对数似然值的差值乘以2计算得到的。这样做可行是因为:泊松模型是负二项模型在Alpha值等于0时的特例。这一检验意味着我们应该拒绝泊松模型,选择负二项模型。

显然,负二项模型对这一数据的拟合要比泊松模型好得多。与泊松模型(条件估计与无条件估计必然相同)不同,无条件负二项估计无法保证能够抵抗来自由伴随性参数问题(在第3章 logistic 模型中讨论过)造成的偏差。通过使用蒙特卡罗模拟(Monte Carlo simulation),埃里森和沃特曼(Allison & Waterman,2002)发现:无条件负二项回归估计量没有呈现任何相对于伴随性参数的真正偏差。他们同样表明:负二项估计量有着比泊松估计量确实要小的标准误。不过,无条件的负二项估计的确有一个缺陷:其置信区间倾向于太小(尽管总体差值远非泊松模型那么严重)。在很多情况下,名义的95%的置信区间只有85%的机会覆盖真值。这一问题可以通过对过离散产生的标准误进行调整而轻松地解决,调整所使用的是一个基于离差统计量的公式。在模拟中经此调整以后,几乎在所有情况下,实际覆盖率都已非常接近名义的95%的置信区间。尽管 Stata 不报告这一矫正所需的离差统计,我发现:由 vce(opg)选项产生的标准误与由离差矫正产生的标准误一样。这些标准误呈现在表 4.6 的第三列。

对于专利数据的例子来说,负二项估计的运算时间还能够容忍,但对于非常庞大的数据集来说就会是很大的问题,届时将有大量虚拟变量的系数需要估计。格林(Greene,

2001)给出了此种运算难题如何迅速得到解决的办法,但是需要对现有 Stata 计算法则进行调整。

在前面,我曾提到 Stata 的 xtnbreg 命令下的条件负二项法并非真正的固定效应法。表 4.7 为这一事实提供了说明。这些估计结果是用 xtnbreg 命令及固定效应选项产生的。在模型 1 中我们只纳入了时变预测变量,结果与我们在表 4.6 中看到的非常相似。但我们得到了截距项的估计值,这本该已经在条件似然函数中消除了。模型 2 包括两个非时变自变量:SCIENCE 和 LOGSIZE。如果条件似然法真的控制了所有非时变变量,那我们应该无法纳入这些变量,因为它们是冗余的。另外,我们发现 LOGSIZE 有高度显著的系数,而 RD0 的作用因为 SCIENCE、LOGSIZE 的纳入而发生变化。这些对于真正的固定效应估计量来说都是不合常理的。

表 4.7　Stata"固定效应"负二项模型的估计结果

	模型 1		模型 2	
RD0	0.319**	0.067	0.273**	0.071
RD1	−0.080	0.077	−0.098	0.077
RD2	0.056	0.071	0.032	0.071
RD3	−0.013	0.066	−0.020	0.066
RD4	0.035	0.062	0.016	0.063
RD5	0.009	0.052	−0.010	0.053
TIME_2	−0.042	0.025	−0.038**	0.024
TIME_3	−0.049	0.025	−0.040**	0.025
TIME_4	−0.161**	0.026	−0.144**	0.026
TIME_5	−0.215**	0.026	−0.196**	0.027
SCIENCE			0.018	0.198
LOGSIZE			0.207**	0.078
截距	2.424**	0.175	1.661**	0.343

注:** $p < 0.01$。

第 4 节｜混合（模型）法

　　如在前文看到的一样，有可能将固定效应与随机效应方法结合起来，从而获得各自的一些优点。在这一框架内，我们可以进行统计检验，以比较固定效应模型和随机效应模型，还可以对不随时间变化而变化的变量的影响进行估计。一如从前，第一步是为各个体计算每个时变自变量的均值，然后计算相对于这些均值的离差值。接下来的步骤是运行一个同时将离差变量和均值变量作为自变量的回归模型。在这里，我们将估计一个负二项回归模型，因为它们不那么容易犯过离散问题。为了得到正确的标准误，所用的估计方法是否能允许各个个体的多次观察之间存在相依性将会非常重要。随机效应模型和总体均值（GEE）模型都能做到这一点。[20]

　　利用 Stata 的 xtnbreg 命令，我把随机效应模型和 GEE（总体均值）模型都估计出来了，结果呈现在表 4.8 中。对于 GEE 模型，我估计的是默认的"可交换"模型，这种模型假定同一个公司所有年份之间的相关相等，这使得其在本质上与随机效应模型等价。所有以字母 D 开头的变量名代表的是离差变量，而以 M 开头的变量代表分企业的均值。

表 4.8 负二项回归的混合模型估计

	随机效应		广义估计方程(GEE)	
DRD0	0. 322 **	0. 071	0. 410 **	0. 120
DRD1	−0. 057	0. 076	−0. 129	0. 120
DRD2	0. 081	0. 068	0. 056	0. 082
DRD3	−0. 006	0. 064	−0. 012	0. 095
DRD4	0. 011	0. 059	0. 007	0. 099
DRD5	0. 019	0. 050	−0. 062	0. 088
MRD0	−0. 336	0. 697	0. 031	0. 798
MRD1	2. 246	1. 426	1. 080	1. 722
MRD2	−1. 985	1. 585	−1. 110	1. 850
MRD3	−0. 500	1. 408	−0. 075	1. 566
MRD4	1. 248	1. 106	1. 119	1. 136
MRD5	−0. 051	0. 517	−0. 274	0. 478
SCIENCE	0. 057	0. 103	−0. 007	0. 112
LOGSIZE	0. 119 **	0. 045	0. 105 *	0. 052
TIME_2	−0. 042 *	0. 021	−0. 052	0. 034
TIME_3	−0. 049 *	0. 022	−0. 049	0. 040
TIME_4	−0. 168 **	0. 023	−0. 100 *	0. 047
TIME_5	−0. 208 **	0. 025	−0. 209 **	0. 050
截距	1. 038 **	0. 171	1. 002	0. 178

注: $* \ 0.01 < p < 0.05$, $** \ p < 0.01$。

离差变量的系数可以当做固定效应估计值来解释,因为其仅仅基于公司内的变异,也正因为如此,它们控制了所有固定的预测变量。事实上,它们非常接近表 4.6 中研究发展经费变量的固定效应系数。和那个表格一样,唯一达到统计显著的离差变量是 DRD0,即当年研究发展经费支出的对数。GEE 系数 0.41 说明研究发展经费增长 1% 与专利数增加 0.41% 相关。

与平常一样,混合模型法的一个吸引力在于它能够纳入非时变预测变量,在这里是 SCIENCE 和 LOGSIZE。后者对于专利数有着显著的正影响。不过要谨记，与离差变量的系数不同，这些系数并没有控制其他未被纳入的解释变量。

混合模型的另一魅力在于它具备对固定效应模型与限制更多的随机效应模型进行比较检验的能力。这是通过检验离差系数是否与对应的均值系数相同来实现的。从表 4.8 可以看到，尽管均值系数没有一个统计显著，但从总体上而言，它们与离差系数都大不相同。针对模型差异的卡方检验只能为选择固定效应模型提供勉强的支持。对于随机效应模型，Wald 卡方值为 12.16，自由度为 $6(p = 0.06)$。对于 GEE 模型，Wald 卡方值为 12.87，自由度为 $6(p = 0.04)$。

第 5 节 | **总结**

　　针对计数数据的固定效应模型，可以在因变量服从泊松分布或负二项分布的假定下进行估计。当每个个体只有两期观察时，固定效应泊松模型的条件最大似然估计，可以通过将泊松模型转变为解释变量为差分值的分组数据 logistic 回归模型来实现。当每个个体有两个以上的观察记录时，泊松模型的条件最大似然估计可以通过 Stata 中的 xtpoisson 命令完成。

　　无条件最大似然估计可以用标准的泊松回归软件完成，用虚拟变量来代表固定效应即可。与 logistic 回归不同，固定效应泊松模型的条件和无条件估计会产生相同的系数和标准误。不幸的是，标准误常常因为过离散问题而严重有偏。在 Stata 中，我用了自助标准误，以矫正过离散问题，其他一些软件包有计算上更简单的方法。

　　解决过离散问题更好的办法是估计一个带有过离散参数的负二项回归模型。不过，这种模型不能用条件最大似然法进行估计。无条件最大似然估计只要使用虚拟变量作为固定效应，在任何负二项回归软件中都能完成。

　　混合模型法在允许对时变自变量的固定效应系数进行估计的同时，也能对非时变自变量的效应进行估计。正如我们在第 2 章和第 3 章已经看到的那样，每个时变变量被分解成为两部分：一个分个体的均值（个体内均值）和一个相对于该均值的离差。回归模型包括这两套变量，同时还有非时变自变量。个体内的相依问题可以通过 GEE 估计或随机效应模型的最大似然估计进行处理。

第 **5** 章

事件史数据的固定效应模型

事件史分析这一名字指的是一套被设计用来描述、解释或预测事件发生的统计学方法。在社会科学之外,这些方法通常被称做生存分析,主要是因为它们首先被生物统计学家发展出来,以分析死亡事件的发生。碰巧这些方法非常适合用来分析大量的社会现象,如出生、结婚、离婚、失业、晋升、被捕、迁移和反抗等。事件史分析还有很多其他名称,包括失败时间分析(failure time analysis)、风险分析(hazard analysis)、转换分析(transition analysis)和持续期分析(duration analysis)。

一般而言,一个事件可以被定义为发生在特定时刻的性质(qualitative)改变。若要应用事件史方法,就需要有事件史数据,也就是一种记录着事件何时发生在某个体或某些样本个体身上的纵贯记录。例如,让一群被抽作样本的妇女汇报她们所生的全部小孩的出生日期,你就可以得到一套可以用来分析出生事件的事件史数据。当然,如果你想进行因果分析或预测分析,你还得测量一些可能的解释变量,例如妇女自身的出生日期、教育水平、家庭收入、婚姻状态,等等。

下面我们将这个例子变得更加具体。在 1995 年的全国家庭成长调查（National Survey of Family Growth，NSFG）中，一个能够代表全美国妇女的样本被要求报告她们曾经生育的所有小孩的出生信息（www. cdc. gov/nchs/nsfg. htm）。这里使用的是该数据的一个子样本，包括 6911 个至少生育过一胎的妇女。这些妇女总共报告了 14932 次活产事件。对每个生育事件，我都计算了出生间隔，标为 DUR：从目前这次生育到下一次生育的时间长度（以月计算），如果没有后续生育被观察到，则为到调查当日的时间长度。这些出生间隔的潜在解释变量包括刻画当前生育特征的几个变量：

PREGORDR　　生育次序（即胎次）（1 到 15）

MARRIED　　如果生育时已婚则为 1，否则为 0

AGE　　　　出生时母亲的年龄（以年计算）

PASST　　　生产费用全部或部分由政府援助基金（public assistance funds）支付则为 1，否则为 0

NOBREAST　如果母亲不用母乳喂养小孩则为 1，否则为 0

LBW　　　　如果所生为低体重儿则为 1，否则为 0

CAWSAR　　如果生产为剖腹产则为 1，否则为 0

MULTIPLE　如果是多胞胎则为 1，否则为 0

另外还有一个变量 COLLEGE，如果妇女受过一些大学教育（在调查时）则等于 1，没有受过大学教育则等于 0；再有一个变量 BIRTH，如果出生间隔是以另一次生育事件结束的则为 1,如果是由该调查作为结束的则为 0——一个删失间隔。这一数据集有 6911 个删失间隔。每个妇女都有一个删失间隔,因为每个人的最后一个间隔都是被调查访问结束的。最后,变量 CASEID 是一个 ID 变量,其取值在同一个妇女的所有生育间隔记录中都是相同的。我们的目标是对生育间隔估计一个回归模型。

第 1 节 ｜ Cox 回归

　　分析事件史数据最流行的方法是 Cox 回归，这是以发展了比例风险模型（proportional hazards model）及估计这一模型的偏似然方法（partial likelihood method）的戴维·考克斯（David Cox）来命名的。在进行固定效应分析之前，我简单回顾一下这种方法。

　　Cox 回归不是直接对间隔长度进行建模，其因变量是事件发生的风险或瞬间的可能性。对于可重复发生事件，风险的定义如下：令 $N_i(t)$ 为个体 i 在时间 t 以前发生的事件数，那么个体 i 在时间 t 的风险可以这样给定：

$$h_i(t) = \lim_{\Delta t \to 0} \frac{\Pr\left[N_i(t + \Delta t) - N_i(t) = 1\right]}{\Delta t} \qquad [5.1]$$

　　用文字来说，这个方程表达的是我们先考虑在某个极短的时间间隔 Δt 内一个新事件发生的概率。再构建这一概率对 Δt 的比率，然后取 Δt 趋近于 0 时这一比率的极限。对于重复发生事件，这一风险函数又被称为强度函数。

　　接下来，我们将这一风险建模成为解释变量的函数。令 $h_{ik}(t)$ 表示个体 i 发生第 k 次事件的风险，那么比例风险模型是如此给定的：

$$\log h_{ik}(t) = \mu[t - t_{i(k-1)}] + \beta x_{ik} \qquad [5.2]$$

其中，x_{ik} 是能够在不同个体间及事件间发生变动的自变量列向量，β 是系数行向量，$t_{i(k-1)}$ 是第 $(k-1)$ 次事件发生的时间，$\mu(\cdot)$ 是最近一次事件发生以来的时间长度的未定函数。在这一模型中，我们假定 $\mu(\cdot)$ 对样本中的每一个个体都是同一个函数。

偏似然估计的一个显著特征，是它可以在不对函数 μ 做任何假定的情况下对 β 进行估计。至于它是如何实现这一点的，可以参见笔者的另一本书（Allison，1995）。在 Stata 中，Cox 回归是通过命令 stcox 完成的。表 5.1（前两列数字）给出了对上述出生间隔数据拟合 Cox 模型所得到的结果，这里将所有的出生间隔都当做相互独立的观察，也就是说，将每一个出生间隔都看做来自总体中的不同妇女。除低出生体重外，所有变量对下一次生育的风险都有高度显著的影响。已婚或受政府援助的妇女有更高的生育风险。其他变量的系数都是负的。

表 5.1　常规模型的 Cox 回归估计[a]

	系　数	常规标准误	稳健标准误	风险比率 （Hazard Ratio）
PREGORDR	−0.163	0.011	0.016	0.849
AGE	−0.065	0.003	0.003	0.937
MARRIED	0.221	0.029	0.030	1.247
PASST	0.137	0.029	0.029	1.147
NOBREAST	−0.270	0.023	0.023	0.763
LBW	−0.003	0.042	0.043	0.997
CAESAR	−0.116	0.030	0.028	0.890
MULTIPLE	−0.702	0.143	0.144	0.495
COLLEGE	−0.207	0.026	0.026	0.813

注[a]　除 LBW 的 p 值大于 0.90 外，其他系数的 p 值都小于 0.01。

要想得到有关这些结果的更具体解释,查看最后一列(标有"风险比")会有很大的帮助,它给出了系数估计值的指数幂。风险比解释起来几乎和 logistic 回归中的发生比率完全一样。例如 MARRIED 的风险比为 1.25。这意味着一个生育时已结婚的妇女再次生育的风险比没结婚的大 25%(在控制了模型中的其他变量后)。MULTIPLE 的风险比是 0.495,这意味着如果一个妇女生的是双胞胎,那其再次生育的风险将减半。对于 AGE 来说,风险比是 0.937,这表示(作为)母亲,其年龄每增加一岁,将使下一次生育的风险减小 $100 \times (1 - 0.937) = 6.3\%$。

不过,上述结论有潜在的问题。有 69% 的妇女每人至少为这一数据集提供了两个生育间隔,因此怀疑同一个人的多条观察之间存在一定相关是合理的。具体而言,很自然地就能想到,可能某些妇女的生育间隔就一直都比较短,而另一些的生育间隔一直都比较长。不考虑这种相依性将严重低估标准误和 p 值。

幸运的是,使用在前面章节中用过的稳健方差估计法修正标准误很容易(Therneau & Grambsch,2000)。通过 vce(cluster caseid)获得的稳健标准误呈现在表 5.1 的第三列中。此处绝大部分的修正都很小,只有 PREGORDR[①] 的修正标准误例外,它比未修正时要大 37%。这样产生的修正 z 统计量只有未修正时的一半,不过仍然高度显著。

---

① 此处原书为 PREGORDER,但根据上下文及输出表格可知应该为 PREGO-RDR。——译者注

第 2 节 | 带固定效应的 Cox 回归

　　现在我们已做好准备将固定效应加到 Cox 回归模型中。与往常一样,这将允许我们控制所有稳定的预测变量,并处理好重复观察之间的相依问题。与此前的几个固定效应模型一样,α_i 代表所有稳定的自变量的综合作用。我们的固定效应回归模型的第一形式是:

$$\log h_{ik}(t) = \mu(t - t_{i(k-1)}) + \beta x_{ik} + \alpha_i \qquad [5.3]$$

　　针对我们的生育间隔数据,方程 5.3 如何才能被估计出来呢? 一种想当然的做法是,将标识每个妇女(除其中一个外)的虚拟变量(组)放到模型里去。这种方法在线性模型、泊松模型以及负二项模型中很奏效,但在这里会遇到严重的困难。首先,估计一个带有 6910 个虚拟变量的 Cox 回归在实际操作上就是个问题。[21]

　　更为根本性的麻烦在于估计如此众多的"伴随性参数"导致的可能偏差。在前面几章中,我们发现这种偏差在 logistic 回归模型中可能非常严重,但在泊松或负二项回归模型中并不如此。在其他地方(Allison,2002),我已经指出:Cox 模型在这一点上与 logistic 模型很像。当每个人的平均间隔数少于 3 个时,使用虚拟变量法估计固定效应模型所产生的回归系数偏差（偏离 0）约为 30%—90%，偏差大小取决于删失的水平（删失案例所占比例越高，产生的膨胀越大）。

幸好，另外有一种方法实行起来简单而且非常有效。像在 logistic 回归和泊松回归中使用的条件似然法，因为虚拟变量的系数并没有真正被估计出来而是被从似然方程中消除了。首先，我们调整方程 5.3，通过定义我们得到

$$\mu_i[t - t_{i(k-1)}] = \mu[t - t_{i(k-1)}] + \alpha_i$$

$$\log h_{ik}(t) = \mu_i[t - t_{i(k-1)}] + \beta x_{ik} \qquad [5.4]$$

在这一方程中，固定效应 α_i 被整合进了时间的未定函数中，这一函数现在被允许在每个个体上都不一样。注意，方程 5.4 与方程 5.2 中的常规 Cox 模型的唯一不同之处就在于 μ 的下标 i。这样，每个个体都有其自身的风险函数，这比只允许每个个体有自己的截距来得更加宽松。

方程 5.4 可以通过标准的 Cox 回归程序和广泛可得的分层选项（option of stratification）进行估计。分层（模型）允许不同的子群体有不同的基准风险函数，但同时限定系数在各个子群体中相同。它是通过为每个子群体建立一个偏似然函数，将所有这些似然函数连乘起来，然后在考虑系数向量 β[①]的情况下，将结果似然函数最大化来完成的。利用 Stata 中的 stcox 命令，分层可以通过设置 strata(caseid) 选项实现，这将意味着 6911 个妇女每个人都被当做一个独立的层。看起来层的数量似乎非常大，但 stcox 能够轻松搞定。

---

① 　即保证 β 在各子群体中相同。——译者注

　　表5.2中模型1的结果,呈现出与表5.1不同的地方,这些差别值得注意。第一,COLLEGE没有任何报告信息。像大多数固定效应方法(除了混合模型法)一样,我们不能估计那些在个体内不存在变化的变量的系数。从COLLEGE往上,我们看到多胞胎的系数与前面的估计差不多一样。但变量CAESAR的系数有些变小,并且统计上不再显著。低出生体重在前面是高度不显著,但这里 p 值小于0.01。LBW的风险比告诉我们,所生为低出生体重儿将使下一次生育的风险下降了21%。母乳喂养的作用不管在大小还是在显著性上都有所下降。政府支持在前面高度显著,但在这里一点也不显著。婚姻状态的影响在这里差不多一样。年龄在统计上不再显著。而怀孕胎次的影响比前面要大得多,无论在大小还是在统计显著性上都如此。每多生一胎将会使生育下一胎的风险下降50%。

表 5.2　固定效应模型的 Cox 回归估计

	模型 1			模型 2	
	系　数	标准误	风险比率	系　数	标准误
PREGORDR	−0.711**	0.034	0.491	−0.712**	0.034
AGE	0.007	0.011	1.007	0.007	0.011
MARRIED	0.181**	0.070	1.199	0.182**	0.070
PASST	0.077	0.069	1.080	0.076	0.069
NOBREAST	−0.128*	0.060	0.879	0.043	0.100
LBW	0.237**	0.081	0.789	−0.243**	0.081
CAESAR	−0.079	0.093	0.923	−0.080	0.093
MULTIPLE	−0.607**	0.218	0.545	0.590**	0.219
COLLEGE	(被剔除)			(被剔除)	
COLLBREAST				−0.267*	0.125

注: * $0.01 < p < 0.05$, ** $p < 0.01$。

为什么固定效应估计会如此不同于常规 Cox 回归估计的结果呢？与所有固定效应模型一样，这一模型控制了所有稳定的自变量，因此早先表 5.1 中的有些结果可能是虚假的。如果非让我在表 5.1 的常规结果与表 5.2 的固定效应结果之间作出选择的话，我会断然地选择后者。我们脑子里必须记住的是，在此处的分析中，每个妇女不同的出生间隔是与其自身进行比较。对于每一个妇女，我们的疑问是：为什么她的出生间隔中有一些会比另一些长或者短？例如，是因为她在某些出生间隔中处于结婚状态，而在另外一些未处于结婚状态吗？这一方法得出的答案，与考察为何有的妇女比另一些妇女倾向于有更长的出生间隔所得的答案是完全不同的。

固定效应模型的这一方面与 PREGORDR 变量尤其相关。在常规 Cox 回归中，这一变量对风险似乎有虚假的正向作用。在一个固定的时间区间内，生育次数多的妇女其生育间隔必然小。但通过固定效应分析，我们能够移除这一人为因素，这就是使负系数比原来大很多的原因。

和线性模型及 logistic 模型一样，尽管固定效应模型不能估计非时变变量如 COLLEGE 的作用，但它能够估计非时变变量与其他变量之间的交互作用。例如，我们可以估计一个含有 COLLEGE 与 NOBREAST 交互项的模型。这只需纳入 COLLEGE 和 NOBREAST 的乘积项作为预测变量之一就可以了。相应的结果在表 5.2 的模型 2 中。可以看到，这一交互项在 0.03 水平上统计显著。但如何对其进行解释呢？NOBREAST 的"主效应"代表当 COLLEGE = 0 时，也就说在未接受大学教育的妇女中该变量的作用。这个系数是正的但高度不显著。而 NOBREAT 在受过大学教育的妇女中的作用等于上述主效应加上交互项（－ 0.2659 ＋ 0.0421 ＝－ 0.22）。使用 test 命令，我们可以发现两者之和显著不等于 0。因此，结论是在受过大学教育的妇女中，母乳喂养会增加随后一次生育的风险，但在其他妇女中这种影响不存在。

Stata 也能估计随机效应 Cox 模型，这一模型同样可用方程 5.3 设置，但假定 α_i 服从伽马分布且与 x_i 独立。这种类型的模型通常被称为"共享脆弱性"模型，其中 α_i（或者其指数幂形式）被描述为脆弱成分。其意思是说，有些个体比其他个体更加脆弱，因而更有可能经历该事件。Stcox 命令中用于估计此种模型的选项是 shared（caseid）。不过，Stata 在试图对本出生间隔例子估计这一模型时遭遇了计算上的失败，这显然是样本规模（过大）造成的。

但随机效应 Gompertz 模型的运算取得了成功（用 streg 命令完成），这一模型是方程 5.3 的特殊形式，方程中的 $\mu(\cdot)$ 被设定为一个线性函数。模型结果呈现在表 5.3 中。各项结果与表 5.1 中常规 Cox 模型的估计非常相似，即使没有进行稳健标准误修正。在 α_i 的方差估计值不显著地区别于 0 的情况下，这并不奇怪。当然，表 5.2 中的固定效应估计显著地不同于随机效应估计，再一次证明控制住未被观测到的异质性非常重要，即使在随机效应模型未能提供此种异质性存在的任何证据时也是如此。

表 5.3　随机效应 Gompertz 模型估计结果[a]

	系　数	常规标准误	稳健标准误	风险比率
PREGORDR	−0.163	0.011	0.016	0.849
AGE	−0.065	0.003	0.003	0.937
MARRIED	0.221	0.029	0.030	1.247
PASST	0.137	0.029	0.029	1.147
NOBREAST	−0.270	0.023	0.023	0.763
LBW	−0.003	0.042	0.043	0.997
CAESAR	−0.116	0.030	0.028	0.890
MULTIPLE	−0.702	0.143	0.144	0.495
COLLEGE	−0.207	0.026	0.026	0.813

注：a 除 LBW 的 p 值大于 0.90 外，其他所有系数的 p 值都小于 0.01。

第 3 节 | **附加说明**

　　尽管固定效应 Cox 模型有上述吸引力，但它同样存在常见的缺陷。第一，和其他固定效应方法一样，与常规分析相比，固定效应 Cox 模型的统计力会大大降低。在本例中，只有一个生育间隔的妇女都被排除在分析之外，因为这些间隔无法与其他间隔进行比较。这排除了 2109 个生育间隔。第二，在只有两个生育间隔的妇女中，如果第二个生育间隔（总是有删失的）小于第一个，那两个生育间隔都会被排除在分析之外。原因如下。假定第一个生育间隔是 28 个月，而第二个间隔是 20 个月。在建构发生于第 28 个月的生育事件的偏似然函数时，计算公式将在相同的时间点寻找其他"处于风险中"的间隔（来自同一个妇女）。但另一个生育间隔在第 20 个月时删失了，这样，对于那个生育间隔，该妇女已经不再处于在第 28 个月发生可观察生育事件的风险中了。因此，前述出生没有对象可进行比较，该妇女也就被排除在偏似然函数之外。在 NSFG 数据中，此种间隔的排除又导致 1468 个案例被损失掉。

　　第三，即使对那些保留下来的观察记录，固定效应方法也根本就没有考虑不同妇女间的变异信息，而只使用了妇女内变异。因此，如果某个协变量在不同妇女之间存在很大差异,而每个妇女历时变化很小时,那么该变量的系数将不能被可靠地估计出来。例如,变量 PASST 的 80％的变异在于不同妇女之间,属于妇女内的变异只有 20％。因此毫不奇怪,表 5.2 中其系数的标准误,与表 5.1 相比,是后者的两倍多,因为后者的标准误是基于妇女间及妇女内两种变异计算出来的。

除了常见的固定效应模型的不足之外,固定效应 Cox 回归还容易受特定类型的变量的影响。这些问题最有可能在出生间隔研究中出现的这类数据结构下发生。在这种数据结构下,每个个体被观察了一段固定的时间,在这一段时间内,可能有多次事件发生,但只有最后一个间隔是删失的。张伯伦(Chamberlain,1985)认为,这种结构违反了似然估计的基本条件,因为一个间隔被删失的可能性取决于前一个间隔的长度。

在一个仿真研究中(Allison,1996),我已经指出这种违背对于绝大多数自变量不会产生严重的问题,但在估计刻画以往事件特征的变量的系数时会导致偏差。具体地讲,固定效应偏似然估计倾向于让以往事件的数量、以往间隔的长度对风险产生负的影响,即使这些变量并没有真正的影响。这无疑与表 5.2 中的结果相一致,表中胎次对下一次生育的风险有很强的副作用。这一问题在每个个体的平均事件数少,删失间隔在所有间隔中所占比例高的情况下最严重。不过,前面我已经指出,对此前事件数的影响的估计,常规 Cox 回归的偏差可能更大,只是偏向另外一个方向。

第 4 节｜Cox 回归混合模型法

在前面的章节中，我们看到可以通过将时变自变量分解成为具体单位的均值以及相对这些均值的离差，然后将所有这些变量纳入常规回归分析，可能的话，再修正同一个体的多次观察之间的相依性就能复制或近似地模拟固定效应分析的结果。不过，由于某种并不太清楚的原因，这一方法看起来在 Cox 回归中不大好使。例如，如果我们将混合法用于这一生育间隔数据，有几个变量的系数及 p 值与表 5.2 中的存在天壤之别。我对 Cox 回归混合法的仿真研究也很让人沮丧。因此，我无法为事件史分析推荐、介绍混合模型法。

第 5 节 | 非重复性事件的 固定效应事件史法

固定效应 Cox 回归要求样本中至少有一些个体经历一个以上的事件,这样个体内的比较才成为可能。显然,这种方法无法应用于不可重复的事件,例如死亡。不过,在某些条件下,通过应用条件 logistic 回归,并把时间看做离散的,可能可以对非重复性事件进行固定效应分析。在流行病学文献中,这类分析叫做病例交叉研究(case-crossover study)(Maclure, 1991),尽管我这里描述的实现方式与流行病学通常所做的存在一些差异。

与通常一样,我将从一个经验的例子开始。设想我们要回答下面的问题:妻子的去世是否会增加丈夫去世的风险?这是一个很难有信心回答的难题,因为丈夫的去世与妻子的去世之间的任何相关都可能是共同的环境特征影响下的结果。他们中的大多数都已经在相同的住所、相同的邻里环境中共同生活了很长一段时期。而且,他们倾向于来自相同的社会经济背景,有着类似的生活方式。除非我们能够控制这些共同点,否则任何观察到的一个配偶的死亡与其另外一个的相关都有可能是虚假的。因此,非常需要将固定效应分析作为一种方法,来控制所有稳定的、未被测量的解释变量。

为了回答这一问题，我将分析一个含有 49990 对已婚夫妇的数据，数据中夫妇双方在 1993 年 1 月 1 日[22]时都还健在，并且都至少已有 68 岁。截至 1994 年 5 月 30 日期间，已亡夫妇的死亡日期都是已知的。在这 17 个月期间，丈夫中有 5769 人死亡，而妻子中有 1918 人过世。我们将时间看做由离散的单位组成，在这里是以日计算，列举出来就是 $t = 1, 2, 3 \cdots$ 令 p_{it} 表示在前一天仍然活着的条件下丈夫 i 在 t 日死亡的概率，再令 $W_{it} = 1$，如果妻子 i 在 t 日还活着的话，否则为 0。

我们将用一个 logistic 回归模型来表示妻子的存活状况对其丈夫死亡的概率的影响：

$$\log\left(\frac{p_{it}}{1 - p_{it}}\right) = \alpha_i + \gamma t + \beta W_{it} \qquad [5.5]$$

其中 γt 表示时间对死亡的对数发生比的线性作用，α_i 表示所有未被测量的在各个时期保持稳定的变量的固定效应。注意：模型中没有放入非时变预测变量，因为它们的作用已经被整合进了 α_i 项中。

现在我们试图用第 3 章中描述过的条件最大似然法对这一模型进行估计，这种方法将所有的 α_i 都从估计方程中消掉。下面是这一数据集的构成方式。对于去世了的男人，夫妇们被观察的每一天都创建了一条单独的观察记录，从第一天（1993 年 1 月 1 日）到去世那天为止。对于这些夫妻一日记录（couple-days），因变量 Y_{it} 被编码为 0，如果该男性在当天还健在的话；如果在那一天他去世了，则编码为 1。这样，一个在 1993 年 6 月 1 日去世的男性将提供 152 个夫妻一日；其中 151 个 Y_{it} 的取值为 0，最后一个的取值为 1。解释变量

W_{it} 在妻子活着的日子里都被编码为 0，妻子已经过世了的日子里都被编码为 1。尚未去世的男性没有创建记录，因为在二分结果变量的固定效应分析中，没有发生变化的个体对似然函数没有任何贡献。本工作数据中夫妻一日的总数为 1377282。和第 3 章中描述的一样，模型可以通过 Stata 的 xtlogit 或 clogit 命令进行估计。

不幸的是，对于这两个命令，用来使似然函数最大化的计算公式都不能收敛。对数似然值很快就变成 0，且迭代序列延续不断、没个尽头。收敛失败的原因在于每对夫妇那串观察记录的因变量都是由一连串 0 跟上一个 1 组成的。也就是说，事件总是发生在最后一个观察单元。因此，时间或时间的任何单调递增函数（例如时间的对数，或时间的平方根）将完美地预测该夫妇的结果，从而无法得到该协变量或模型中任何其他协变量的最大似然估计。在 logistic 回归文献中，这一问题被叫做完全分离（Albert & Anderson，1984；Allison，2004）。[23]

事实上，对于我们这个死亡事件的例子，不收敛问题并不局限于时间变量的原因。即使把时间移出模型，我们得到的仍是不收敛（尽管现在的问题不是完全分离而是半完全分离）。因为 W_{it}，即妻子是否死亡这一虚拟变量，随着时间推延而增加，但从不减小，它完美地预测了最后一天的死亡事件的发生。因此，它的系数在计算公式每迭代一次时都会变得更大。

克服这个问题的一种方法是把 W_{it} 改进成为一个标识，指示妻子是否还在世，比方说，过去 60 天内过世。当妻子去世时，这个协变量从 0 变化为 1，但在第 60 天之后又变回成为 0(如果这个丈夫还活着的话)。通过估计时间窗口大小不同的模型可以提供有用的信息,描述妻子死亡的影响如何开始、到达顶峰以及结束。

表 5.4 的上半部分同时给出了使用几个不同时间窗口的情况下(但没有包括时间本身的影响),衡量妻子的过世对于丈夫去世的影响的发生比率的固定效应估计。在所有情况下,发生比率都超过 1.0,并且 60 天间隔和 30 天间隔下都统计显著。对于后一种情况,在妻子死后 30 天内,丈夫死亡的发生比是其他时间发生比的 2 倍。[①]表 5.4 的下半部分给出了常规 logistic 回归得到的发生比率,没有控制稳定不变的、未被观察的协变量。与上半部分相比,这一部分的发生比率都要小,而 p 值都要高。

表 5.4 在不同时段内以妻子的死亡事件对丈夫的死亡进行预测的发生比率

		妻子死亡多少天以内				
		15 天	30 天	60 天	90 天	120 天
固定效应估计	风险比率	1.26	1.96	1.61	1.27	1.26
	p 值	0.54	0.006	0.03	0.24	0.25
常规估计	风险比率	1.13	1.56	1.21	0.97	0.93
	p 值	0.71	0.04	0.29	0.87	0.61

尽管这些结论非常有趣,但危险在于,模型没有对历时的变化进行控制。这不仅仅是一个技术问题,还是一个能够对从病例交叉研究中得出的任何结论都构成严重危害的问

---

① 这里实际上是将妻子死后 30 天内丈夫死亡的发生比与其他时间(包括妻子死前或没死,以及妻子死了 30 天之后三种情况)丈夫死亡的发生比进行比较。——译者注

题(Creenland，1996；Suissa，1995)。对于我们的例子来说，只要妻子的死亡发生率有随着观察期延长而增加的趋势，就有可能导致丈夫的死亡与妻子的死亡(不管如何编码)之间的虚假相关。直观地讲，原因在于：丈夫的死亡总是出现在每对夫妇的观察序列的结尾，因此，任何倾向于随着时间而增加的变量，看起来都会增加丈夫死亡的概率。

现在我们来考虑另外一种固定效应模型，它看起来能够解决因未控制时间的影响而造成的问题。休莎(Suissa)发明了一种方法，并把它叫做"案例—时间—控制"设计，这种方法的关键创新之处，在于将条件 logit 模型中的因变量与自变量进行调换的计算策略。这使得在模型中纳入对于时间的控制成为可能，而这种控制在病例交叉法中是无法实现的。

众所周知，当因变量和自变量都是二分变量时，发生比率是对称的——调换因变量和自变量将得到相同的结果，即使模型中还有其他自变量。[24]在案例—时间—控制法中，工作因变量是二分协变量——在我们这个例子中，是妻子是否在过去一段日子里死亡。自变量是标识事件(丈夫的死亡)是否在给定日期发生的虚拟变量，以及时间的某种适当形式，如一个线性函数。同样，估计的还是一个条件 logistic 回归，且将每对夫妇都单独作为一层对待。在这一方程中，将时间作为协变量纳入不存在问题，因为工作因变量不是时间的单调函数。

在休莎方法的方程式中，有必要纳入所有个体的数据，包括经历了事件的人以及被删失了的人。不过，他的模型只是针对每个个体仅有两个时间点的数据发展出来的，一个事件时段、一个删失时段。在那种情况下，如果样本仅仅局限于经历了事件的人，那协变效应和时间效应将完全混合在一起。而删失案例则能够提供协变量受制于时间的有关信息，这些信息与事件的发生不存在混淆。

不过，我们的数据集（有可能很多其他数据也）在不同时点上对每个个体有多个"控制"。这消除了时间与事件发生（丈夫的死亡）之间的完全混合，使得我们可以将案例—时间—控制法只用于未被删失的案例。在很难或无法收集到未经历事件的人们的信息时，这是一个极大的好处。如果估计时未包括删失案例，这个模型的唯一限制是，我们无法估计一个时间影响完全随意的模型，也就是说，模型中不能带有标识每个时点的虚拟变量。

当然，如果删失案例的信息是可得的（如在我们这个数据集中），那么纳入它们，可以得到更准确的对时间的影响的估计。不过，即使删失案例是可得的，将分析限制于事件经历者仍具有潜在的优势。案例—时间—控制法假定协变量对于时间的依赖（即时间对于协变量的影响）在经历了及未经历事件的人身上是一样的，这一点为人所批评（Greenland，1996）。如果分析的数据仅限于事件的经历者，那此种批评也就毫无力道了。

对于死亡事件数据，工作数据集与前面的一样，从开始到丈夫死亡或者删失当天，每个观察者每天都有一条记录。因为条件 logistic 回归要求每个条件层的因变量都有所变动，我们可以将妻子没有在丈夫之前死亡的夫妻案例删除，而不存在信息损失。

本工作数据集中有 39942 个夫妻—日，仅来自 126 对夫妇。这是丈夫死亡且妻子先于丈夫死亡的夫妻数。尽管这只是原样本 49990 对夫妻中很小的一部分,但使用固定效应方法时,只有这些人含有妻子的死亡对丈夫死亡的影响的信息。这是一个问题么? 如果同一个模型(带着同样的系数)适用于总体中的每一个人,那就不是一个问题。但如果不同子群体的模型不一样,那从这 126 对夫妻获得的结果就只能准确地描述他们而已,但不能描述整个总体。

工作模型的定义如下。令 H_{it} 表示丈夫 i 在 t 天是否死亡的虚拟变量,而 P_{it} 表示在 t 天之前的一定时日内妻子死亡的概率。logistic 回归模型为:

$$\log\Big(\frac{P_{it}}{1-P_{it}}\Big) = \alpha_i + \beta_1 H_{it} + \beta_2 t + \beta_3 t^2 \qquad [5.6]$$

表 5.5　以妻子之死对丈夫的死亡进行预测所得不同时段内的风险比率
（案例—时间—控制法）

	15 天	30 天	60 天	90 天	120 天
风险比率	1.26	2.08	1.74	1.28	1.11
p 值	0.54	<0.004	0.01	0.25	0.63

尽管也可以使用其他函数,但这一模型允许纳入时间的二次项作用。

表 5.5 给出了不同时间窗口下发生比率的估计。结果与表 5.4 中的非常相像,后者使用的是病例—交叉法。证据再次表明妻子的死亡对于丈夫死亡的风险的影响受到时间的限制,妻子死亡两个月后其影响将大大降低。

尽管我们的工作因变量是妻子的死亡,但发生比率得解释成妻子的死亡对于丈夫死亡的发生比的影响。这是由于观察的时间顺序的原因——妻子的死亡总是发生在丈夫之前。如果我们的目标是估计丈夫的死亡对于妻子死亡的影响，那我们得构建一个完全不同的数据集，包含妻子死前的夫妻-日记录，而不是妻子死后的。

在这个例子里，我们只估计了一个二分协变量（妻子在一定的时日内的死亡）对于不可重复事件（丈夫的死亡）的影响。这种方法允许我们控制所有固定变量。但是，假设我们想控制时变自变量，如吸烟状况。仿真研究（Allison & Christakis, 2006）发现，附加解释因素作为自变量，可以直接纳入方程 5: 6 所设定的 logistic 回归模型。尽管附加自变量的系数不是这些变量对丈夫死亡的影响的无偏估计，但纳入这些解释因素后，能够得到妻子的死亡对于丈夫的死亡的影响（方程 5.6 中的 β）的近似无偏估计。假如我们要估计吸烟状况对丈夫的死亡的影响，那我们就得使吸烟的概率成为方程 5.6 中的因变量，另外有可能再纳入妻子的存活状态作为协变量。即使吸烟状态有两个以上类别，这种程序仍然有效，只是这时方程 5.6 需要被设定成为一个多分类 logistic 回归。不过，我听说没有办法把案例—时间—控制法推广到对定量自变量的影响进行估计。

第 6 节 ｜ **总结**

　　事件史数据的固定效应回归分析通常要求每个个体有多个的、重复的事件。与我们在 logistic 回归中看到的一样，使用虚拟变量法估计固定效应，常常会导致对于其他变量的系数的有偏估计。这一伴随性参数问题在使用 Cox 回归时可能被避免，这种方法利用分层法将固定效应从偏似然函数中消除，即使是在分层数目很大的情况下仍然具有计算效率。在大多数情况下，分层法都能产生近似无偏的估计。

　　与其他固定效应方法一样，分层 Cox 回归在统计功效上也会遭受巨大的损失。自然的，只有一条观察记录的个体不能给分析提供任何信息。即使一个个体有一条删失记录和一条非删失记录，只要删失记录的时间区间相对较短，这个个体的两条记录也会被剔除在分析之外。最后，只有个体内的变异信息被用来估计各个系数。由于一些目前我们还不太清楚的原因，混合模型法——它在线性、logistic 和计数数据回归中运行良好——在 Cox 回归中无法产生正确的结果。

　　尝试对非重复性事件进行固定效应回归分析会遇到严重的困难。基本策略是把时间看做离散的，然后分别针对每个人的各个被观察的离散时间点创建一条独立的记录，从开始观察一直到事件发生或者删失时为止。对于每一条记录，都有一个二分因变量，如果事件在该时间点发生则编码为 1，否则编码为 0。最后一步是，对这一因变量估计一个条件 logistic 回归，并将每个个体单独作为一层，而自变量为在不同时点上有所变化的变量。这种具有吸引力的方法的一个根本问题是，如果时间（或者时间的任何单调函数）被作为解释变量，那模型会因为分离问题而得不到收敛。原因在于：事件总是发生在每个个体的观察序列的末尾，从而使得时间能够完全预测事件的发生。

尽管未纳入时间（变量）的模型确实能够被估计出来，但因为时间对于（事件）风险以及自变量的影响未被控制住可能是有偏的。一种解决途径是案例—时间—控制法，这种方法好像对估计分类协变量对于风险的影响很管用。这种方法的创新之处在于调换了条件 logistic 回归中因变量与自变量的角色，从而使得在模型中纳入作为协变量的时间成为可能。

第 **6** 章

固定效应结构方程模型

在第 2 章中,我们考虑了几种估计线性固定效应回归模型的不同方法。在这一章,我们将展示如何把固定效应回归当做带一个潜变量的线性结构方程模型来估计。为什么我们还需要另外一种方法来估计同一个模型呢?答案是:通过将模型置于一种结构方程框架,我们能够得到一些通过常规计算方法难以或者不能得到的结果。具体地讲,我们可以:

(1)估计固定效应和随机效应的折中模型;
(2)构建对固定效应与随机效应进行比较的似然比检验;
(3)估计两个反应变量间存在相互作用的固定效应模型;
(4)估计反应变量为时滞值的固定效应模型;
(5)估计潜变量带有多个指标的模型。

我之所以在这里为这种方法单辟一章,是因为其数据结构及概念框架与第 2 章中大多数方法所用的非常不一样。我首先将解释如何用结构方程软件估计第 2 章中描述过的随机效应模型。然后,我们会考察如何对这种模型进行调整,以形成固定效应模型。

第 1 节 ｜ 随机效应作为潜变量的模型

在第 2 章中，随机效应模型被设置为：

$$y_{it} = \mu_t + \beta x_{it} + \gamma z_i + \alpha_i + \varepsilon_{it} \qquad [6.1]$$

其中，y_{it} 是个体 i 在时间 t 的反应变量取值，x_{it} 是时变自变量向量，z_i 为非时变自变量向量，α_i 表示随机效应，ε_{it} 为随机扰动项。我们假定 α_i 和 ε_{it} 代表独立正态分布变量，其均值为 0，方差恒定。我们还假定，至少是在现在，这些随机成分都与 x_{it} 及 z_i 相互独立。

众所周知（Muthén，1994），如方程 6.1 所示的随机效应模型可以用结构方程模型（SEM）来表示，后者可以用众多被设计用来估计此种模型的软件（如 LISREL，EQS，MX，Mplus 或者 Amos）之一进行估计。不幸的是，Stata 中没有估计这种模型的命令。[25] 在这里，我是用 Mplus（www. statmodel. com）来估计本章讨论的模型的。从概念上讲，我们认为方程 6.1 给每个时间点都设定了单独的方程，但限定各个时点对应的回归系数相同。随机项 α 和 ε 被当成潜变量。不同时点有不同的 ε，但是各个时点的 α 却是相同的。

SEM 通常用通径图来表示（Kline，2004）。图 6.1 是一个有三期数据、一个时变自变量的模型的通径图。在

SEM 的通径图中，按照惯例，通常把直接观察变量放在矩形框中，而把潜变量放在圆圈或者椭圆中。直线单向箭头表示一个变量对另一个变量的直接因果作用，而曲线双向箭头表示两个外生变量之间的二元相关（用结构方程模型的术语来说，内生变量是那些至少在一个方程中作为因变量的变量。外生变量是那些未在任何方程中作为因变量的变量）。

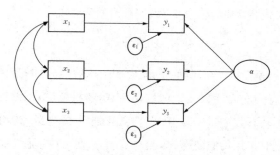

图 6.1　三期数据随机效应模型的通径图

在第 2 章中，我们使用 Stata 中的 xtreg 命令估计了方程 6.1 中的模型，当时是应用在 NLSY 数据上，该数据含有 581 名儿童在 3 个不同时期的观察记录。当时的工作数据包含了每个小孩的 3 条记录，总共有 1743 条记录。因变量是对反社会行为（ANTI）的测量。自变量包括两个时变变量：贫困状况（POV）和自信水平（SELF），还有几个非时变变量。

要像结构方程模型一样估计该模型，我们将使用每个小孩只有 1 条记录、同一变量在 3 个时点的观察结果对应不同变量名的原始数据形式。使用 Mplus 实现这一估计的程序代码在附录 2 中。

在编写 SEM 程序来估计随机效应模型时有几点需要谨记：

（1）很多 SEM 程序包估计模型时，默认情况下只使用协方差矩阵信息，这时你得不到截距（方程 6.1 中的 μ_1 表示）的估计结果。如果想得到截距，你需要通过恰当的设置把均值整合到分析当中。但是这并不会改变回归系数。

（2）这个模型被设置成为三个独立的方程，分别针对 ANTI90，ANTI92，ANTI94。三个方程对应的系数被限定一致。在 Mplus 中，这是通过在自变量名后面的括号里放上数字来实现的，希望被限定相等的参数后面放相同的数字。放宽这些限定就相当于允许自变量与时间之间存在交互作用。

（3）同时需要限定 ε_1，ε_2 和 ε_3 的误差方差在三个方程中保持相等。

和大多数 SEM 程序一样，Mplus 也会产生大量的输出结果。这一输出至关重要的部分——回归系数、标准误以及统计检验情况——已经呈现在表 6.1 中。这些估计结果应该与表 2.5 中采用 xtreg 命令产生的结果进行比较。两套回归系数及标准误实质上是一模一样的。[26]

现在我们有了一种使用 SEM 软件估计随机效应模型的方法，其产生的结果与 Stata 中 xtreg 命令产生的相同。不过，这种方法有几个重要的不足。首先，和 xtreg 命令不一样，这种方法很难用于非平衡数据。如果样本中每个个体的重复测量次数相等，则数据是平衡的。相反，如果我们的样本中有些小孩存在缺失值，比如说在变量 ANTI94 上，有些 SEM 软件要求把这样的个体记录全部删除。幸好，Mplus 以及其他大多数 SEM 程序包现在都有带缺失数据情况下的最大似然估计选项，从而能够处理此种非平衡数据。第二，尽管可能，但要想设置模型以处理时间的线性作用、与时间的线性交互作用、或者随机系数也会非常麻烦（Muthén & Curran，1997）。相反，这在 xtreg 及大多数随机效应软件中很容易处理。

表 6.1   NLSY 数据的结构方程模型

	随机效应		固定效应		组合模型 （Compromis）	
	系　数	标准误	系　数	标准误	系　数	标准误
SELF	−0.062**	0.009	−0.055**	0.011	−0.062**	0.009
POV	0.247**	0.080	0.112	0.093	0.111	0.093
BLACK	0.227	0.125	0.269*	0.126	0.269*	0.126
HISPANIC	−0.218	0.138	−0.198	0.138	−0.201	0.138
CHILDAGE	0.088	0.091	0.089	0.091	0.090	0.091
MARRIED	−0.049	0.126	−0.022	0.126	−0.025	0.126
GENDER	−0.483**	0.106	−0.476**	0.106	−0.479**	0.106
MOMAGE	−0.022	0.025	−0.026	0.025	−0.025	0.025
MOMWORK	0.261	0.114	0.296**	0.115	0.295**	0.115

注：* $0.01 < p < 0.05$，** $p < 0.01$。

　　但是，SEM 方法也有一些重要的优点。第一，它可以综合随机效应模型与带有多个指标的潜变量模型。这些潜变量既可以是自变量也可以是因变量。有关多指标潜变量模型的很好的入门介绍可以在克兰（Kline，2004）或者哈彻

（Hatcher，1994）的著作中找到。第二，如我们将在下一节看到的，基于 SEM 框架的随机效应模型可以被扩展到用于估计固定效应模型，这种估计是通过允许随机效应模型与固定效应模型进行比较或折中的方式来实现的。

第 2 节 | 固定效应作为潜变量的模型

如在第 2 章中已经提到的,基本的随机效应模型实际上只是固定效应模型的一种特殊形式(Mundlak,1978)。随机效应模型假定 α_i 与时变预测变量的向量 x_{it} 不存在相关。而固定效应模型允许 α_i 与 x_{it} 的元素存在任意的相关。图 6.2 展示了一个简化的只有一个时变自变量的固定效应模型。这个通径图与图 6.1 的唯一差别在于:α 和 x 之间多了表示相关的曲线箭头。

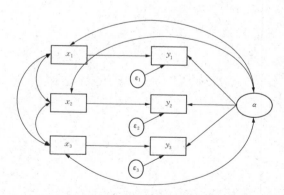

图 6.2   三期数据固定效应模型的通径图

这些新加的相关通过简单地设定潜变量与时变自变量之间的相关很容易就能合并到 SEM 软件中(Allison & Bollen，1997；Teachman et al.，2001）。注意，潜变量不能与任何非时变自变量如 GENDER 或 MARRIED 存在相关。试图这样做将导致不能识别的模型，通常会产生错误或警告信息。

　　固定效应模型的系数估计及相关的统计量呈现在表 6.1 的中间两列中。我们首先来看 SELF 和 POV 的系数及标准误，可以看到它们与表 2.5 中使用 xtreg 命令的固定效应选项估计的结果一模一样。[27] 它们与表 2.8 中采用混合模型法所得结果也完全一样。

　　与混合模型法一样，表 6.1 也给出了非时变变量的系数估计。不过，表 6.1 中这些变量的系数估计值和统计检验结果与表 2.8 中的估计值及统计检验结果大不一样。例如，表 6.1 中 MOMWORK 的系数明显地统计显著，但在表 2.8 中同样明显地不显著。哪一个更好呢，混合模型估计还是 SEM 估计？这得看情况。仿真结果（这里没有呈现出来）强烈地表明，当非时变协变量 z 与未被观测的异质性因素 α 之间的相关为 0 时，SEM 产生的估计值近似无偏，而混合模型法产生的估计结果将可能大幅有偏。相反，当 z 与 α 相关时，两种估计都会有偏，但 SEM 估计结果的偏差会比混合模型法的偏差更大。

　　既然我们已经同时有了固定效应和随机效应两种形式的结构方程模型，那么很容易就能产生一个对二者进行比较的似然比统计量。对于每一个模型，输出结果都会包括一个卡方统计量和相应的自由度。这个统计量将模型的整体拟合水平与能够完美地重生所有变量的协方差矩阵的饱和模型进行比较。对于随机效应模型，卡方值为 84.42，自由度为

34。而对于固定效应模型，卡方值与对应的自由度分别为66.45 和 28。两者之间的差异是一个取值为 17.97，带 6 个自由度的卡方量。这 6 个自由度对应的是固定效应模型下允许的另外 6 个相关。这一卡方量的 p 值为 0.006，表明我们应该拒绝随机效应模型而选择固定效应模型。这与我们在第 2 章中应用 Stata 产生的 Hausman 检验及检验均值变量系数与对中值系数是否相等的检验达成的结论相同。[28] 与混合模型法中的检验一样，这里计算的似然比检验拥有比 Hausman 检验更好的统计性质，比方说，后者在一些数据构造下可能取负值。

第 3 节 ┃ 固定效应和随机效应的折中

　　在上一节，我们是以随机效应模型作为开始，然后允许随机效应 α 与时变解释变量之间所有可能的相关的方式获得固定效应模型的。但可能并非所有那些相关都真实存在。表 6.2 给出了使用 Mplus 产生的 α 与时变变量之间的相关系数与协方差估计值。看起来，α 与 SELF 变量的相关系数很小，而且在统计上不显著，但与 POV 变量的相关系数要大一些，且 3 个中有两个统计显著。这说明我们可以将 α 与 SELF 的相关系数设置为 0，而不会明显降低模型的拟合水平。这样做是令人满意的，因为它将使我们对 SELF 系数的估计同时基于个体内及个体间的变异，得到的标准误将更小些。[29]

表 6.2　α 与时变自变量之间的相关系数

	相　关	z 统计量
SELF90	-0.006	-0.77
SELF92	-0.0146	-1.71
SELF94	-0.008	-1.01
POV90	0.123	3.34
POV92	0.049	1.33
POV94	0.095	2.49

　　这在 Mplus 中很容易就能实现，产生的结果呈现在表

6.1 的右边两列。POV 的系数及 t 统计量与我们在固定效应模型中得到的差不多相同。另一方面，SELF 的系数比纯固定效应模型的略微大些，而其标准误要小 20% 左右。取这两个模型的卡方之差，我们得到自由度为 3 的卡方值 3.00。这显然在统计上不显著，这表明我们不能因为喜欢较复杂的模型而拒绝较简单的模型（将 3 个相关系数设定等于 0 的那个）。

第4节 | 带滞后自变量的交互效应

至此，我们已经看到第2章中很多固定效应和随机效应模型同样也能用 SEM 软件进行估计，而且这种方法既有优点也有不足。下面我们来考虑一些远远超出第2章的重要固定效应模型，它们在结构方程框架下估计起来非常方便。这些模型违背了第2章的严格外生性假定，这一假定表述的是，在任意时点 t 及 t'，x_{it} 都在统计上独立于 $\varepsilon_{it'}$。这种情况的出现或是因为 x_{it} 受早先时点的 y 的影响，或是因为 x_{it} 的某个元素就是早先时点的 y 本身（时滞因变量）。这些模型非常重要，因为它们为增强我们确定相互关联的变量间的因果方向的能力提供了可能。

假设我们观测了两个变量 x 和 y，已知两者存在相关。我们想知道究竟是 x 导致了 y 还是 y 导致了 x（或者同时存在）。两个变量都在几个时点上得到观察。假定有下面的模型：

$$y_{it} = \mu_t + \beta x_{i(t-1)} + \alpha_i + \varepsilon_{it}$$
$$x_{it} = \tau_t + \delta y_{i(t-1)} + \eta_i + \upsilon_{it} \qquad [6.2]$$

这一模型所说的是：y 受前一个时点的 x 的影响，而 x 受前一个时点的 y 的影响。模型还包括固定效应 α 和 η，它们代表任何及所有非时变解释变量对每个变量[1]的作用。我们

----

[1] 此处指 x 及 y。——译者注

同样可以纳入其他时滞型时变自变量和非时变变量,但这将使得我们的讨论变得不必要的复杂。

这一模型如何估计呢?如果观察恰好只有 3 个时点,那模型可以通过取一阶差分,然后分别对每个方程应用一般最小二乘法的方式进行估计:[30]

$$y_{i3} - y_{i2} = (\mu_3 - \mu_2) + \beta(x_{i2} - x_{i1}) + (\varepsilon_{i3} - \varepsilon_{i2})$$
$$x_{i3} - x_{i2} = (\tau_3 - \tau_2) + \delta(y_{i2} - y_{i1}) + (\upsilon_{i3} - \upsilon_{i2})$$
$$[6.3]$$

当超过 3 个时点时,第 2 章使用的方法(纳入标识每个个体的虚拟变量或者相对于均值的离差)看起来能够完成这一工作。不幸的是,由于存在往复效应,在固定效应估计中使用的差分值必然与回归方程中的误差项相关,从而导致有偏的估计(Woodridge, 2002)。幸好,通过将固定效应并入结构方程模型,能够帮助我们规避这些难题。

当模型进一步扩展到允许纳入因变量(内生变量)的时滞值时,会出现更严重的困难:

$$y_{it} = \mu_t + \beta_1 x_{i(t-1)} + \beta_2 y_{i(t-1)} + \alpha_i + \varepsilon_{it}$$
$$x_{it} = \tau_t + \delta_1 x_{i(t-1)} + \delta_2 y_{i(t-1)} + \eta_i + \upsilon_{it} \qquad [6.4]$$

如果我们将固定效应(α 和 η)排除在外,这一模型就是社会科学中有名的两期—双变量面板模型(two-wave, two-variable panel model)或交叉滞后面板模型(cross-lagged panel model)。

在计量经济学文献中,带滞后因变量的面板模型被称为动态模型。它们因对常规估计方法造成严重困难而出名,已经有几种可供选择的办法来应对该模型(Baltagi, 1995;

Honoré，1993；Honoré & Kyriazidou，2000）。这些方法一般依赖于工具变量（IV）框架下对滞后变量的使用。其中最有名的是阿雷拉诺与邦德（Arellano & Bond，1991）提出的，通过在 Stata 中用 xtabond 命令来实现。不过，兰卡斯特（Lancaster，2000）将 IV 法描述成为"临时的"，而且"只是因为计量经济学家不懂得如何正确使用似然法"才被使用的。

确实，动态固定效应模型的最大似然估计可以通过使用 SEM 软件直接估计。尽管这种方法的性质尚未得到分析性的深入研究，我所做的仿真研究（Allison，2000）显示，这种方法能够很好的再生方程 6.4 所示模型的参数。

作为示例，我分析了美国 1983 年、1989 年、1995 年和 2001 年 178 个职业的数据。这一数据来自于每年 3 月的"当期人口调查：年度人口档案"（Current Population Survey：Annual demographic file，CPS）。在 CPS 原始数据中，观察对象是个人，但我使用的只是 178 个职业的汇总数据。对于每个年度的每个职业，我都计算了该职业中女性的比例及女性中位工资收入。这里只考虑了每个年度至少有 50 个样本个体的 178 个职业。更详细的信息可以参看英格兰、埃里森及吴的作品（England et al.，2007）。工资变量被标定为 MDWGF1-MDWGF4，而女性比例为 PF1-PF4。

对于方程 6.4 中的模型，令 y 为中位工资收入，x 为女性比例。在 1983 年，这两个变量之间的相关系数为 -0.33，并且高度显著。关于这两个变量之间的因果方向存在相当多的争论（England et al.，2007）。一种观点认为，雇主会贬低女性比例较高的职业的价值，从而支付较低的工资。与此针锋相对的假设是，逐渐下降的工资使得该职业对男性不再那么具有吸引力，当他们离开并涌向报酬更好的工作时，女性将填补他们空缺下来的职位。这里，我假定两个变量中任何一个的变化都会在六年后另一个变量的变化中显露出来。

通过估计方程 6.4 中的两个方程，我们可以对这两种可能的因果作用进行评估。尽管这两个方程可以同时进行估计，但分开估计可使模型的设置具有更大的弹性。[31] 除固定效应外，容许相互作用的关键设置在于：各个时点的误差项被允许与时变协变量的未来值相关（Woodridge，2002）。在我们的例子里，Time2 时中位工资方程中的误差项必须被允许与 Time3 时的女性比例之间存在非零的相关。与此类似，Time2 时女性比例方程中的误差项必须与 Time3 时的中位工资相关。注意：没有方程可以用来预测 Time1 时的中位工资或者女性比例，因为我们没有观察它们六年前（1977 年）的滞后值。

另外要注意，对于滞后因变量，只允许潜变量与 Time1 时的变量值相关。这是因为只有 Time1 变量是外生的，而相关只被允许存在于外生变量之间。事实上没有必要设定潜变量与滞后因变量后来的各取值相关，因为潜变量本身就是求取这些变量的方程的自变量之一。

两个方程的结果呈现在表 6.3 中。一点都不奇怪的是，每个变量都对其自身六年后（的取值）有着正向的、统计显著的作用。但对于"交叉—滞后"系数，没有证据支持两个作用方向中的任何一个。

表 6.3 交互作用模型的估计结果

自变量	反 应 变 量			
	工资中位数		女性比例	
	系 数	标准误	系 数	标准误
工资中位数	0.344**	0.064	−0.001	0.002
女性比例	−0.159	2.447	0.299**	0.079

在其他地方,我曾经质疑过,当模型已经包含固定效应时,纳入因变量滞后值是否必要(Allison, 1990)。因此,我还估计了一个不含因变量滞后值的模型,得到的交叉—滞后系数完全一样。类似的,含有因变量滞后值但不包括固定效应的模型(经典的两期—双变量面板模型)同样未能提供支持某一方向的交叉—滞后效应的证据。

第 5 节 | **总结**

　　定量反应变量的线性固定效应或随机效应回归模型可以用 SEM 软件进行估计,所得结果与第 2 章中讨论的更常规的方法得到的一样。不过,这种方法要求不同的数据结构,这种数据的一条记录包括每个个体或群组的所有测量,多次测量被编码为不同的变量。在 SEM 软件中,每个反应变量在每个时点都设定了一个单独的方程,不同方程的系数通常被限定彼此相等。而随机效应或固定效应被设定为潜变量,并为各个方程中所共有。在固定效应形式下,这一潜变量被允许与所有在不同方程中有所变化的自变量之间存在相关。

　　这一方法通常比第 2 章中描述的方法设置起来更加麻烦。但是,它允许进行一些有趣的拓展,包括对固定效应和随机效应进行比较的似然比检验,对固定效应和随机效应模型的折衷,以及建立潜变量有多个指标的模型。最重要的是,在 SEM 框架下有可能对这样一种跟踪调查数据模型进行估计,在这种模型中,两个或多个反应变量彼此之间被认为存在滞后的相互作用。这种模型使我们有可能根据非实验数据做出比平常更有力的因果推论。

附　录

附录 1 | 第 2 章到第 5 章例题的 Stata 程序

```
use "C:\\data\\nlsy", clear

/ * 表 2.1 * /
reg anti90 self90 pov90
reg anti94 self94 pov94
gen antidiff = anti94 − anti90
gen povdiff = pov94 − pov90
gen selfdiff = self94 − self90
reg antidiff povdiff selfdiff


/ * 表 2.2 * /
reg antidiff povdiff selfdiff pov90 self90 black ///
    hispanic childage married gender momage momwork


/ * 表 2.3 * /
gen antidif1 = anti92 − anti90
gen antidif2 = anti94 − anti92
gen selfdif1 = self92 − self90
gen selfdif2 = self94 − self92
```

```
gen povdif1 = pov92 - pov90
gen povdif2 = pov94 - pov92
reg antidif2 selfdif2 povdif2
reg antidif1 selfdif1 povdif1
gen id = _n
reshape long antidif povdif selfdif i( id)
gen eqdum = _j - 1
reg antidif povdif selfdif
xtset id _j
xtreg antidif povdif selfdif eqdum, pa


/ * creat data set with 3 records per person * /
use "C:\\data\\nlsy", clear
gen id = _n
reshape long anti self pov, i( id)
gen time = 1 + ( _j - 90) /2


/ * 表 2.5 * /
xi: reg anti self pov i. time i. id
xi: reg anti self pov i. time
xtset id time
xi: xtreg anti self pov i. time, fe


/ * 表 2.6 * /
xi: xtreg anti i. time * self i. time * pov ///
   i. time * gender i. time * childage ///
```

```
     i.time * hispanic i.time * back i.time * momwork ///
     i.time * married ///
     i.time * momage, fe i(id)
testparm _ItimXself * _ItimXpov * _ItimXgend * ///
     _ItimXchill * _ItimXhisp * ///
     _ItimXblac * _ItimXmomw * _ItimXmarr * _ItimXmoma *

/ * 表 2.7 * /
xi: xtreg anti self pov i.time black hispanic ///
     childage married gender momage momwork
xi: xtreg anti self pov i.time


/ * Hausman test * /
xi: xtreg anti self pov gender childage hispanic ///
     black momwork married momage i.time
estimates store random_effects


xi: xtreg anti self pov i.time, fe
estimates store fixed_effects
hausman fixed_effects random_effects


/ * 表 2.8 * /
egen mself = mean(self), by(id)
egen mpov = mean(pov), by(id)
gen dself = self − mself
gen dpov = pov − mpov
```

```
xi: xtreg anti dself dpov mself mpov black ///
   hispanic childage married ///
   gender momage momwork i.time
test (dself = mself) (dpov = mpov)
xi: xtmixed anti dself dpov mself mpov black ///
   hispanic childage married ///
   gender momage momwork i.time || id: dself


/* 表 3.1 */
use "C:\\data\\teenpov.dta", clear
tab pov1 pov5


/* 表 3.2 */
drop if pov1 = = pov5
gen dmother = mother5 − mother1
gen dspouse = spouse5 − spouse1
gen dschool = inschool5 − inschool1
gen dhours = hours5 − hours1
logit pov5 dmother dspouse dschool dhours
logit pov5 dmother dspouse dschool dhours black age
logit pov5 dmother dspouse dschool dhours black ///
   age mother1 spouse1 inschool1 hours1


/* 表 3.4 */
use "c:\\data\\teenpov.dta", clear
reshape long pov mother spouse inschool hours, i(id)
```

```
rename inschool school
rename _j year
xtset id year
xi: xtlogit pov mother spouse school hours ///
   i.year, fe
xi: xtlogit pov mother spouse school hours ///
   i.year, pa corr(uns)
xi: xtlogit pov mother spouse school hours i.year


/* 表 3.5 */
gen mothblack = mother * black
xi: xtlogit pov mother spouse school hours ///
   mothblack i.year, fe
gen yearschool = (year - 1) * school
gen yearhours = (year - 1) * (hours - 8.67)
gen yearblack = (year - 1) * black
gen yearage = (year - 1) * (age - 15.65)
xi:xtlogit pov mother spouse school hours year ///
   yearschool yearhours ///
   yearblack yearage, fe


/* 表 3.6, 3.7 */
egen mmother = mean(mother), by(id)
egen mspouse = mean(spouse), by(id)
egen mschool = mean(school), by(id)
egen mhours = mean(hours), by(id)
```

```
gen dmother = mother - mmother
gen dspouse = spouse - mspouse
gen dschool = school - mschool
gen dhours = hours - mhours
xi: xtlogit pov dmother dspouse dschool dhours ///
   mmother mspouse mschool mhours black age i.year
test dmother = mmother
test dspouse = mspouse
test dschool = mschool
test dhours = mhours
test (dmother = mmother)(dspouse = mspouse) ///
   (dschool = mschool)(dhours = mhours)
xi: xtmelogit pov dmother dspouse dschool dhours ///
   mmother mspouse ///
   mschool mhours black age i.year || id: dmother


/* 表 3.8 */
use "C:\\data\\nlsy", clear
gen id = _n
reshape long anti self pov, i(id)
gen time = 1 + (_j - 90)/2
egen mself = mean(self), by(id)
egen mpov = mean(pov), by(id)
gen dself = self - mself
gen dpov = pov - mpov
xi: ologit anti dself dpov mself mpov black ///
```

```
    hispanic childage married ///
    gender momage momwork i.time, cluster(id)
test (dself = mself) (dpov = mpov)


/*表 3.9*/
use "C:\\data\\teenpov2.dta", clear
reshape long mother spouse empstat, i(id)
drop if empstat = .
gen currage = age + _j - 1
egen mmother = mean(mother), by(id)
egen mspouse = mean(spouse), by(id)
egen mage = mean(currage), by(id)
gen dmother = mother - mmother
gen dspouse = spouse - mspouse
gen dage = currage - mage
mlogit empstat dmother mmother dspouse mspouse ///
    dage mage black, ///
    vce(cluster id) base(1)
test([#1]dmother = [#1]mmother) ///
    ([#1]dspouse = [#1]mspouse)([#1]dage = [#1]mage)
test([#2]dmother = [#2]mmother) ///
    ([#2]dspouse = [#2]mspouse)([#2]dage = [#2]mage)
preserve
drop if empstat = 3
gen empstat2 = empstat - 1
xtset id _j
```

```
xtlogit empstat2 dmother ///
   mmother dspouse mspouse dage mage black, re
drop if empstat = 2
gen empstat3 = empstat − 1
xtset id _j
xtlogit empstat3 dmother mmother dspouse mspouse ///
dage mage black, re

/*表 4.1*/
use patents, clear
gen total = pat75 + pat79
gen rd0 = logr79 − logr75
gen rd1 = logr78 − logr74
gen rd2 = logr77 − logr73
gen rd3 = logr76 − logr72
gen rd4 = logr75 − logr71
gen rd5 = logr74 − logr70

blogit pat79 total
blogit pat79 total, vce(jack)
blogit pat79 total, vce(boot)
blogit pat79 total rd0 − rd5
blogit pat79 total rd0 − rd5, vce(jack)
blogit pat79 total rd0 − rd5, vce(boot)
blogit pat79 total rd0 − rd5 science logsize
blogit pat79 total rd0 − rd5 science logsize, vce(boot)
```

```
/* 表 4.2 */
use patents, clear
rename pat75 patent1
rename pat76 patent2
rename pat77 patent3
rename pat78 patent4
rename pat79 patent5
gen sumpat = patent1 + patent2 + patent3 + patent4
            + patent5
gen rda1 = logr75
gen rda2 = logr76
gen rda3 = logr77
gen rda4 = logr78
gen rda5 = logr79
gen rdb1 = logr74
gen rdb2 = logr75
gen rdb3 = logr76
gen rdb4 = logr77
gen rdb5 = logr78
gen rdc1 = logr73
gen rdc2 = logr74
gen rdc3 = logr75
gen rdc4 = logr76
gen rdc5 = logr77
gen rdd1 = logr72
gen rdd2 = logr73
```

```
gen rdd3 = logr74
gen rdd4 = logr75
gen rdd5 = logr76
gen rde1 = logr71
gen rde2 = logr72
gen rde3 = logr73
gen rde4 = logr74
gen rde5 = logr75
gen rdf1 = logr70
gen rdf2 = logr71
gen rdf3 = logr72
gen rdf4 = logr73
gen rdf5 = logr74
gen id = _n
reshape long patent rda rdb rdc rdd rde ref, i(id)
rename _j time
rename rda rd0
rename rdb rd1
rename rdc rd2
rename rdd rd3
rename rde rd4
rename rdf rd5
list id time patent rd0 - rd5 in 1/20
xtset id time

/ * 表 4.3 * /
xi: xtpoisson patent rd0 rd1 rd2 rd3 rd4 rd5 ///
```

```
   i. time, fe
xi: xtpoisson patent rd0 rd1 rd2 rd3 rd4 rd5 ///
   i. time, fe vce(boot)
xi: xtpoisson patent rd0 rd1 rd2 rd3 rd4 rd5 ///
   i. time, re
xi: xtpoisson patent rd0 rd1 rd2 rd3 rd4 rd5 ///
   i. time, pa corr(uns) vce(robust)
xi: xtpoisson patent rd0 rd1 rd2 rd3 rd4 rd5 ///
   i. time


/ * 表 4.4 * /
gen xdsci = rd0 * science
xi: xtpoisson patent rd0 rdsci i. time, fe
xit: xtpoisson patent rd0 rdsci i. time, fe vce(boot)


/ * 表 4.5 * /
gen scitime = time * science
xtpoisson patent rd0 time scitime, fe i(id)
xtpoisson patent rd0 time scitime, fe i(id) ///
   vce(boot)


/ * 表 4.6 * /
drop if sumpat = 0
xi: nbreg patent i. id rd0 rd1 rd2 rd3 rd4 rd5 ///
   i. time
xi: nbreg patent i. id rd0 - rd5 i. time, vce(opg)
```

```
/* 表 4.7 */
xi:xtnbreg patent rd0 - rd5 i.time, fe i(id)
xi:xtnbreg patent rd0 - rd5 science logsize ///
   i.time, fe i(id)


/* 表 4.8 */
egen mrd0 = mean(rd0), by(id)
egen mrd1 = mean(rd1), by(id)
egen mrd2 = mean(rd2), by(id)
egen mrd3 = mean(rd3), by(id)
egen mrd4 = mean(rd4), by(id)
egen mrd5 = mean(rd5), by(id)
gen drd0 = rd0 - mrd0
gen drd1 = rd1 - mrd1
gen drd2 = rd2 - mrd2
gen drd3 = rd3 - mrd3
gen drd4 = rd4 - mrd4
gen drd5 = rd5 - mrd5
xi: xtnbreg patent drd0 drd1 drd2 drd3 drd4 drd5 ///
   mrd0 mrd1 mrd2 mrd3 ///
   mrd4 mrd5 science logsize i.time, re
test (drd0 = mrd0) (drd1 = mrd1) (drd2 = mrd2) ///
   (drd3 = mrd3) (drd4 = mrd4) (drd5 = mrd5)
xi: xtnbreg patent drd0 drd1 drd2 drd3 drd4 drd5 ///
   mrd0 mrd1 mrd2 mrd3 ///
   mrd4 mrd5 science logsize i.time, pa robust
```

```
test (drd0 = mrd0) (drd1 = mrd1) (drd2 = mrd2) ///
    (drd3 = mrd3) (drd4 = mrd4) (drd5 = mrd5)


/* 表 5.1 */
use "C:\\data\\nsfg.dta", clear
stset dur, failure(birth = 1)
stcox pregordr age married passt nobreast lbw ///
    caesar multiple college, nohr
stcox pregordr age married passt nobreast lbw ///
    caesar multiple college, nohr cluster(caseid)


/* 表 5.2 */
stcox pregorder age married passt nobreast lbw ///
    caesar multiple college, ///
    strata(caseid) nohr
gen collbreast = college * nobreast
stcox pregorder age married passt nobreast lbw ///
    caesar multiple college ///
    collbreast, nohr strata(caseid)


/* 表 5.3 */
use "C:\\data\\coupleday.dta", clear
xtset coupleid day
xtlogit husdead wifed15, fe or
xtlogit husdead wifed30, fe or
xtlogit husdead wifed60, fe or
```

```
xtlogit husdead wifed90, fe or
xtlogit husdead wifed120, or
xtlogit husdead wifed15, or
xtlogit husdead wifed30, or
xtlogit husdead wifed60, or
xtlogit husdead wifed90, or
xtlogit husdead wifed120, or


/ * 表 5.5 * /
drop if wifefirst = 0
gen day2 = day * day
xtlogit wifed15 husdead day day2, fe or
xtlogit wifed30 husdead day day2, fe or
xtlogit wifed60 husdead day day2, fe or
xtlogit wifed90 husdead day day2, fe or
xtlogit wifed120 husdead day day2, fe or
```

附录 2 │ 第 6 章例题的 Mplus 程序

! 表 6.1

! Random Effects

Data: file is "c:\\data\\nlsy.dat";

variable: names are anti90 anti92 anti94 black childage gender hispanic married momage momwork pov90 pov92 pov94 self90 self92 self94; usevariables = anti90 anti92 anti94 black childage gender hispanic married momage momwork pov90 pov92 pov94 self90 self92 self94;

Model:

　falpha by anti90 − anti94@1;

　anti90 on

　　pov90 (1)

　　self90 (2)

　　black (3)

　　hispanic (4)

　　childage (5)

　　married (6)

　　gender (7)

　　momage (8)

```
    momwork (9);
  anti92 on
    pov92 (1)
    self92 (2)
    black (3)
    hispanic (4)
    childage (5)
    married (6)
    gender (7)
    momage (8)
    momwork (9);
  anti94 on
    pov94 (1)
    self94 (2)
    black (3)
    hispanic (4)
    childage (5)
    married (6)
    gender (7)
    momage (8)
    momwork (9);
falpha with pov90 - pov94@0 self90 - self94@0 black@0
hispanic@0 childage@0 married@0 gender@0 momage@0
momwork@0;
anti90 anti92 anti94 (10);
```

! Fixed Effects

Data: file is "C:\\data\\nsly.dat";

Variable: names are anti90 anti92 anti94 black childage gender hispanic married momage momwork pov90 pov92 pov94 self90 self92 self94; usevariables = anti90 anti92 anti94 black childage gender hispanic married momage momwork pov90 pov92 pov94 self90 self92 self94;

Model:

  falpha by anti90 − anti94@1;

  anti90 on

    pov90 (1)

    self90 (2)

    black (3)

    hispanic (4)

    childage (5)

    married (6)

    gender (7)

    momage (8)

    momwork (9);

  anti92 on

    pov92 (1)

    self92 (2)

    black (3)

    hispanic (4)

    childage (5)

    married (6)

```
    gender (7)

    momage (8)

    momwork (9);

 anti94 on

    pov94 (1)

    self94 (2)

    black (3)

    hispanic (4)

    childage (5)

    married (6)

    gender (7)

    momage (8)

    momwork (9);

falpha with black@0 hispanic@0 childage@0 married@0
gender@0 momage@0 momwork@0;
anti90 anti92 anti94 (10);


! Compromise
Data: file is "c:\\data\\nlsy.dat";
variable: names are anti90 anti92 anti94 black childage
gender hispanic married momage momwork pov90 pov92 pov94
self90 self92 self94; usevariables = anti90 anti92 an-
ti94 black childage gender hispanic married momage mom-
work pov90 pov92 pov94 self90 self92 self94;
Model:
   falpha by anti90 - anti94@1;
```

```
anti90 on
    pov90 (1)
    self90 (2)
    black (3)
    hispanic (4)
    childage (5)
    married (6)
    gender (7)
    momage (8)
    momwork (9);
anti92 on
    pov92 (1)
    self92 (2)
    black (3)
    hispanic (4)
    childage (5)
    married (6)
    gender (7)
    momage (8)
    momwork (9);
anti94 on
    pov94 (1)
    self94 (2)
    black (3)
    hispanic (4)
    childage (5)
```

```
    married (6)

    gender (7)

    momage (8)

    momwork (9);

falpha with self90 - self94 @ 0 black @ 0 hispanic @ 0
childage@0

    married@0 gender@0 momage@0 momwork@0;

anti90 anti92 anti94 (10);


! 表 6.3

Data: file is "C:\\data\\occ.dat";

Variable: names are pf1 - pf4 mdwgf1 - mdwgf4; usevari-
ables pf1 - pf4 mdwgf1 - mdwgf3;

Model:

  alpha by pf2 - pf4@1;

  pf4 on

    pf3 (1)

    mdwgf3 (2);

  pf3 on

    pf2 (1)

    mdwgf2 (2);

  pf2 on

    pf1 (1)

    mdwgf1 (2);

mdwgf3 with pf2;
```

```
Data: file is "C:\\data\\occ.dat";
Variable: names are pf1 - pf4 mdwgf1 - mdwgf4; usevari-
ables pf1 - pf3 mdwgf1 - mdwgf4;
Model:
  alpha by mdwgf2 - mdwgf4@1;
  mdwgf4 on
    pf3 (1)
    mdwgf3 (2);
  mdwgf3 on
    pf2 (1)
    mdwgf2 (2);
  mdwgf2 on
    pf1 (1)
    mdwgf1 (2);
mdwgf2 with pf3;
```

注释

[1] 感谢皮特・苔丝(Peter Tice)为我准备并提供了这一数据。

[2] 因为 ANTI 只能取整数值并且是正偏态分布,因此使用序次 logit 回归可能比使用线性回归更合适。事实上,在第 3 章我们就会用这种模型来分析该数据。不过,logit 模型得到的结论与本章利用线性模型得到的结论在性质上几乎是一样的。

[3] 在这里,随机效应模型(xtreg 命令的默认设置)是不合适的,因为随机效应模型只允许误差项之间存在正向相关。在存在多个一阶差分方程的情况下,误差相关通常是负的。

[4] 这里 reg 命令(本章讨论的所有其他 Stata 命令)是和 xi 前缀一起使用的,这样可以将 TIME 及 ID 变量作为分类变量处理。

[5] 这些数字可以通过将各变量分别作为因变量,ID 变量作为分类自变量进行方差分析得到。

[6] Stata 另一个实现离均差法的命令是用 areg 配合 absorb(id)选项来实现的。

[7] Hausman 检验的计算如下:令 b 表示固定效应系数向量(不包括截距项),β 表示对应随机系数向量。令 $\sum = \text{var}(b) - \text{var}(\beta)$,其中 $\text{var}(b)$ 是 b 的估计协方差矩阵,β 的类似。Hausman 检验的统计量为 $m = (b-\beta)'\sum^{-1}(b-\beta)$,它在虚无假设下服从卡方分布。

[8] 这里描述的混合法与 Mundlak(1978)和 Hausman(1978)提出的方法相似,但并不相同。

[9] 这些估计只有在数据集平衡——也就是说,每一个个体被观察的期数相等——的情况下,才完全相等。否则,混合法所得估计将与常规固定效应估计略有差异。

[10] 关于这一结果的来历,请看埃里森的另一本著作(Allison,2005)。

[11] 在两期观察情况下,条件似然法也可以采用下一节将讨论的针对三期及以上数据的方法进行,使用的是 Stata 中 xtlogit 命令。所得结果将与刚刚讨论的"差分"法一样。

[12] 我同样拟合了另一个模型——YEAR 在全部 4 个交互项中都被当做定类变量对待,但通过似然比检验发现,该模型与模型 2 并不存在显著差异。

[13] 在表 3.5 中我仅仅考察了这些被选中的交互项。在很多实际应用中,可能需要同时检验所有变量与时间的交互项,以对模型在各时期的稳定性进行全面检验。这可以通过比较两个模型的方式完成:一个模型

含有所有的交互项,而另一模型不含任何此类交互项。两个模型的似然比卡方统计量的差值本身就是对所有这些交互项系数都等于 0(相应的自由度等于两个模型的自由度之差)的假设的似然比卡方检验。

[14] 这些检验通过 Stata 中的 test 命令能够轻松完成。具体细节请看附录 1。

[15] 本章不考虑零膨胀泊松及负二项模型,有三个原因:它们要复杂得多,几乎没有软件可用来对跟踪调查数据进行此种分析,而且负二项模型本身就能为含有大量零计数值的数据提供满意的拟合。

[16] Stata 中的 reshape 命令使得数据结构的此种变换变得非常简单。

[17] 由于自助法带有随机抽样环节,因此每次运行所得自助标准误会略有差异。通过增加自助样本的数量可以使变异的程度变小。

[18] 表 4.3 中的 GEE 估计是使用 5 个年份专利数的"非结构化"(unstructured)相关矩阵所得结果。

[19] nbreg 命令能够拟合两种不同形式的负二项模型。在默认形式(这里比较适合采用的形式)下,方差是均值的函数。而在另外一种形式下,使用 dispersion(constant)选项可以将方差设置成为一个常数。这尽管看起来很具吸引力,但并不适合用在这里。

[20] 和第 3 章的 logistic 模型不同,负二项回归的总体均值模型与具体单位模型之间似乎不存在任何差异。这意味着,随机效应估计结果从大小上看不应该比 GEE 估计更大。

[21] 实际上,我确实尝试这么做了,但我的电脑在运算了 10 天后仍在运算,我只好终止了这一尝试。从原则上讲,此种计算困难可以使用格林(Greene)的算法(2001)解决,但目前的商业软件中没有现成程序可用。

[22] 非常感谢尼古拉斯·克里斯塔吉斯(Nicholas Christakis)允许我在这里使用这些数据,对这一数据更详细的描述请看埃里森和克里斯塔吉斯的著作(Allison & Christakis, 2006)。

[23] 可以纳入时间的非单调函数,如 $sin(2\pi t/365)$,它能够在一年当中周期性地变动。

[24] 当模型在控制变量上"饱和"时,这种对称是完全的,而对于非饱和模型,这种对称只是近似的。所谓饱和模型,是指含有分类自变量及其所有可能交互项的模型。

[25] 在 Stata 中使用用户提交的 gllamm 命令可以估计一些结构方程模型。但即使是这一命令,它的设定也相当笨拙、复杂。

[26] 我没有在表 6.1 中报告 TIME 的系数,因为用 Mplus 估计的这三个截距与表 2.5 中的并不完全对应。在表 2.5 中 TIME 2 的系数等于时间 2 时的截距与时间 1 时的截距之差。类似的,表 2.5 中 TIME 3 的系数

等于时间 3 时的截距与时间 1 时的截距之差。

[27] 阿尔纳斯和霍尔姆(Ejrnaes & Holm, 2006)错误地宣称传统的固定效应估计结果与 SEM 估计结果不同。事实上,这两种方法总是给出相同的结果。

[28] SEM 检验有 6 个自由度,Hausman 检验有 4 个,而混合法检验只有 2 个自由度。这是因为 SEM 检验允许 α 和 x 之间的协方差在三个时期各不相同,而另外两种方法内在地限定它们相同。Hausman 检验比混合法检验多两个自由度,是因为它同时检验了两个时间系数在随机效应模型与固定效应模型中是否相等。拟合固定效应模型时,通过限定 α 和 x 之间的协方差在各个时期相等,我们可以在 SEM 框架下得到一个自由度为 2 的检验。对于 NLSY 例子来说,这将得到一个自由度为 2 的卡方值,对应 p 值为 0.003,略微小于自由度为 6 的检验的 p 值。这相对于混合法检验来说要小得多,后者得到的卡方值为 9.86,对应自由度为 2,p 值为 0.007。

[29] 关于另外一种使用 IV 的方法,可以参见豪斯曼和泰勒的作品(Hausman & Taylor, 1981)。

[30] 这些方程之所以能够用 OLS 进行估计,是因为第一个方程中的两个 x 与两个 ε 都保持独立,而这是因为 x 只受早先时点的 ε 的(间接)影响。同样的原理适用于第二个方程。

[31] 如果两个方程同时进行估计,那么不管是作为因变量还是作为自变量,每个变量都必须用同样的方式进行表达。但是,如果要将它们分开进行估计,那我们可以(采用不同形式的表达),例如将一个变量的对数形式作为因变量,而在其作为自变量时使用非对数形式。

参考文献

Abrevaya, J. (1997). "The equivalence of two estimators of the fixed-effects logit model," *Economics Letters*, 55:41—44.

Albert, A. , &. Anderson, J. A. (1984). "On the existence of maximum likelihood estimates in logistic regression models," *Biometrika*, 71: 1—10.

Allison, P. D. (1984). *Event history analysis: Regression for Longitudinal Event Data*. Beverly Hills, CA: Sage.

Allison, P. D. (1990). "Change scores as dependent variables in regression analysis," In C. Clogg(Ed.), *Sociological Methodology* 1990. Oxford, UK: Basil Blackwell: 93—114.

Allison, P. D. (1995). *Survival Analysis Using SAS*. Cary, NC: SAS Institule.

Allison, P. D. (1996). "Fixed effects partial likelihood for repeated events," *Sociological Methods &. Research*, 25:207—222.

Allison, P. D. (1999a). *Logistic Regression Using SAS: Theory and Application*. Cary, NC: SAS Instute.

Allison, P. D. (1999b). *Multiple Regression: A Primer*. Thousand Oaks, CA: Pine Forge.

Allison, P. D. (2000). *Inferring Causal Order from Panel Data*. Paper prepared for presentation at the Ninth International Conference on Panel Data, Geneva, Switzerland.

Allison, P. D. (2002). *Bias in Fixed-effects Cox Regression with Dummy Variables*. Unpublished paper, Department of Sociology, University of Pennsylvania.

Allison, P. D. (2004). "Convergence problems in logistic regression," In M. Altman, J. Gill, &. M. McDonald(Eds.), *Numerical Issues in Statistical Computing for the Social Scientist*. New York: Wiley InterScience: 247—262.

Allison, P. D. (2005). *Fixed Effects Regression Methods for Longitudinal Data Using SAS*. Cary, NC: SAS Institute.

Allison, P. D. , &. Bollen, K. A. (1997). *Change Score, Fixed Effects, and Random Component Models: A Structural Equation Approach*. Paper presented at the annual meeting of the American Sociological Association.

Allison, P. D. , & Christakis, N. (2006). "Fixed effects methods for the analysis of non-repeated events," In R. Stolzenberg(Ed.), *Sociological Methodology 2006*. Oxford, UK: Basil Blackwell: 155—172.

Allison, P. D. , & Waterman, R. (2002). "Fixed effects negative binomial regression models," In R. M. Stolzenberg(Ed.), *Sociological Methodology 2002*. Oxford, UK: Basil Blackwell: 247—265.

Arellano, M. , & Bond, S. (1991). "Some tests of specification for panel data: Monte Carlo evidence and an application to employment equations," *Review of Econmic Studies*, 58:277—297.

Baltagi, B. H. (1995), *Econometric Analysis of Panel Data*. New York: Wiley.

Begg, C. B. , & Gray, R. (1984). "Calculation of polychotomous logistic regression parameters using individualized regressions," *Biometrika*, 71: 11—18.

Bryk, A. S. , & Raudenbusch, S. W. (1992). *Hierarchical Linear Models: Application and Data Analysis Methods*. Newbury Park, CA: Sage.

Cameron, A. C. , & Trivedi, P. K. (1998). *Regression Analysis of Count Data*. Cambridge, UK: Cambridge University Press.

Center for Human Resource Research. (2002). *NLSY 97 User's Guide*. Washington, DC: U. S. Department of Labor.

Chamberlain, G. A. (1980). "Analysis of covariance with qualitative data," *The Review of Economic Studies*, 47:225—238.

Chamberlain, G. A. (1985). "Heterogeneity, omitted variable bias, and duration dependence," In J. J. Heckman & B. Singer(Eds.), *Longitudinal Analysis of Labor Market Data*. Cambridge, UK: Cambridge University Press: 3—38.

Conaway, M. R. (1989). "Analysis of repeated categorical measurements with conditional likelihood methods," *Journal of the American Statistical Association*, 84:53—62.

Cox, D. R. (1972). "Regression models and life tables(with discussion)," *Journal of the Royal Statistical Society*, Series B, 34:187—220.

Darroch, J. N. , & McCloud, P. I. (1986). "Category distinguishability and observer agreement," *Australian Journal of Statistics*, 28:371—388.

Dunteman, G. H. , & Ho, M. R. (2005). *An Introduction to Generalized Linear Models*. Thousand Oaks, CA: Sage.

Ejrnaes, M. , & Holm, A. (2006). "Comparing fixed effects and covariance structure estimators for panel data," *Sociological Methods & Research*, 35:61—83.

England, P., Allison, P. D., & Wu, Y. (2007). "Does bad pay cause occupations to feminize, does feminization reduce pay, and how can we tell with longitudinal data?" *Social Science Research*, 36(3):1237—1256.

Goldstein, H. (1987). *Multilevel Models in Educational and Social Research*. London: Griffin.

Greene, W. H. (2000). *Econometric Analysis* (4th ed.). Upper Saddle River, NJ: Prentice Hall.

Greene, W. H. (2001). *Estimating Econometric Models with Fixed Effects*. New York University, Leonard N. Stern School, Finance Department Working Paper Series.

Greenland, S. (1996). "Confounding and exposure trends in case-crossover and case-time control designs," *Epidemiology*, 7:231—239.

Hall, B. H., Griliches, Z., & Hausman, J. A. (1986). "Patents and R and D: Is there a lag?" *International Economic Review*, 27(2):265—283.

Hatcher, L. (1994). *A Step-by-step Approach to Using the SAS System for Factor Analysis and Structural Equation Modeling*. Cary, NC: SAS Institute.

Hausman, J. A. (1978). "Specification tests in econometrics," *Econometrica*, 46(6):1251—1271.

Hausman, J. A., Hall, B. H., & Griliches, Z. (1984). "Econometric models for count data with an application to the patents-R & D relationship," *Econometrica*, 52:909—938.

Hausman, J. A., & Taylor, W. E. (1981). "Panel data and unobservable individual effects," *Econometrica*, 49:1377—1398.

Honoré, B. E. (1993). "Orthogonality conditions for tobit models with fixed effects and lagged dependent variables," *Journal of Econometrics*, 59: 35—61.

Honoré, B. E., & Kyriazidou, E. (2000). "Panel data discrete choice models with lagged dependent variables," *Econometricsa*, 68:839—874.

Hsiao, C. (1986). *Analysis of Panel Data*. Cambridge, UK: Cambridge University Press.

Judge, G. Hill, C., Griffiths, W., & Lee, T. (1985). *The Theory and Practice of Econometrics*. New York: Wiley.

Kalbfleisch, J. D., & Sprott, D. A. (1970). "Applications of likelihood methods to models involving large numbers of parameters (with discussion)," *Journal of the Royal Statistical Society*, *Series B*, 32: 175—208.

Kenward, M. G. , & Jones, B. (1991). "The analysis of categorical data from cross-over trials using a latent variable model," *Statistics in Medicine*, 10:1607—1619.

Kline, R. B. (2004). *Principles and Practice of Structural Equation Modeling* (2nd ed.). New York: Guilford Press.

Kreft, I. G. G. , & De Leeuw, J. (1995). "The effect of different forms of centering in hierarchical linear models," *Multivariate Behavioral Research*, 30:1—21.

LaMotte, L. R. (1983). "Fixed-, random-, and mixed-effects models," In S. Kotz, N. L. Johnson, & C. B. Read (Eds.), *Encyclopedia of Statistical Sciences*. New York: Wiley: 137—141.

Lancaster, T. (2000). "The incidental parameter problem since 1948," *Journal of Econometrics*, 95:391—413.

Lewis-Beck, M. S. (1995). *Data Analysis: An Introduction*. Thousand Oaks, CA: Sage.

Long, J. S. (1983). *Covariance Structure Models: An Introduction to LISREL*. Beverly Hills, CA: Sage.

Long, J. S. (1997). *Regression Models for Categorical and Limited Dependent Variables*. Thousand Oaks, CA: Sage.

Maclure, M. (1991). "The case-crossover design: A method for studying transient effects on the risk of acute events," *American Journal of Epidemiology*, 133:144—153.

Mooney, C. Z. , & Duval, R. D. (1993). *Bootstrapping: A non-parametric Approach to Statistical Inference*. Newbury Park, CA: Sage.

Mundlak, Y. (1978). "On the pooling of time series and cross sectional data," *Econometrica*, 56:69—86.

Muthén, B. (1994). "Multilevel covariance structure analysis," *Sociological Methods & Research*, 22:376—398.

Muthén, B. , & Curran, P. (1997). "General longitudinal modeling of individual differences in experimental designs: A latent variable framework for analysis and power estimation," *Psychological Methods*, 2:371—402.

Neuhaus, J. M. , & Kalbfleisch, J. D. (1998). "Between- and within-cluster covariate effects in the analysis of clustered data," *Biometrics*, 54(2):

638—645.

Pampel, F. C. (2000). *Logistic Regression: A Primer*. Thousand Oaks, CA: Sage.

Senn, S. (1993). *Cross-over Trials in Clinical Research*. New York: Wiley.

Singer, J. B. , & Willett, J. D. (2003). *Applied Longitudinal Data Analysis: Modeling Change and Event Occurrence*. New York: Oxford University Press.

Sobel, M. E. (1995). "Causal inference in the social and behavioral sciences," In G. Arminger, C. C. Clogg, & M. E. Sobel(Eds.), *Handbook of Statistical Modeling for the Social and Behavioral Sciences*. New York: Plenum Press: 1—38.

Suissa, S. (1995). "The case-time-control design," *Epidemiology*, 6:248—253.

Teachman, J. , Duncan, G. , Yeung, J. , & Levy, D. (2001). "Covariance structure models for fixed and random effects," *Sociological Methods and Research*, 30:271—288.

Therneau, T. M. , & Grambsch, P. (2000). *Modeling Survival Data: Extending the Cox Model*. New York: Springer-Verlag.

Tjur, T. A. (1982). "Connection between Rasch item analysis model and a multiplicative Poisson model," *Scandinavian Journal of Statistics*, 9: 23—30.

Wooldridge, J. M. (2002). *Econometric Analysis of Cross Section and Panel Data*. Cambridge: MIT Press.

译名对照表

average treatment effects	平均处理效应
between R^2	组间确定系数
bootstrap standard errors	自举标准误
case-crossover method	案例-交叉法
case-time-control method	案例—时间—控制法
censored cases	删失案例
censored intervals	删失区间
conditional maximum likelihood	条件最大似然法
constant variance assumption	恒定方差假定
convergence failure	收敛失败
cross-lagged coefficients	交叉滞后系数
deviance statistic	离差统计量
deviation coefficients	离差变量系数
difference scores	差分值
duration analysis	存活期分析
dynamic models	动态模型
endogenous variables	内生变量
event history analysis	事件史分析
exogenous variables	外生变量
failure time analysis	失效时间分析
first difference equation	一阶差分方程
first difference method	一阶差分法
frailty term	脆弱成分
generalized estimating equations	广义估计方程(GEE)法
generalized least squares(GLS)regression	广义最小二乘回归
Gompertz model	Gompertz 模型
group mean centering	组均值对中
Hausman test	Hausman 检验
hazard analysis	风险分析
incidental parameters problem	伴随性参数问题
instrumental variables(IV)	工具变量(IV)框架

jackknife standard errors	刀切法标准误
lagged dependent variable	滞后因变量
latent variables	潜变量模型
likelihood ratio test	似然比检验
linear structural equation model	线性结构方程模型
log-linear model	对数线性模型
Monte Carlo simulation	蒙特卡罗模拟
NB2 model	负二项模型
odds ratios	发生比率
ordered logit model	次序 logit 模型
overdispersion	过离散
panel models	面板模型
panel survey	固定样本跟踪调查
partial likelihood method	偏似然法
path diagrams	通径图
poisson models for count data	计数数据泊松模型
proportional hazards model	比例风险模型
random effects models	随机效应模型
random intercept models	随机截距模型
random slope models	随机斜率模型
robust standar errors	稳健标准误
saturated model	饱和模型
shared frailty models	共享脆弱性模型
stratification	分层
strictly exogenous variable	严格外生变量
structural equation model(SEM)	结构方程模型(SEM)
subject specific coefficient	具体单位系数
survival analysis	生存分析
time-invariant variables	非时变变量
unconditional maximum likelihood	无条件最大似然法
vector of coefficients	系数向量
within R^2	(组、个体)内确定系数
zero-inflated Poisson models	零膨胀泊松模型
zero mean	零均值

图书在版编目(CIP)数据

固定效应回归模型/(美)保罗·D.埃里森著;李
丁译.—上海:格致出版社:上海人民出版社,
2018.6(2020.10重印)
(格致方法.定量研究系列)
ISBN 978 - 7 - 5432 - 2866 - 5

Ⅰ.①固… Ⅱ.①保… ②李… Ⅲ.①回归分析-研
究 Ⅳ.①O212.1

中国版本图书馆 CIP 数据核字(2018)第 089169 号

责任编辑　裴乾坤

格致方法·定量研究系列
固定效应回归模型
[美]保罗·D.埃里森　著
李　丁　译

出　　版　格致出版社
　　　　　上海人 & 出版社
　　　　　(200001　上海福建中路 193 号)
发　　行　上海人民出版社发行中心
印　　刷　浙江临安曙光印务有限公司
开　　本　920×1168　1/32
印　　张　6
字　　数　116,000
版　　次　2018 年 6 月第 1 版
印　　次　2020 年 10 月第 2 次印刷
ISBN 978 - 7 - 5432 - 2866 - 5/C·199
定　　价　35.00 元

格致方法·定量研究系列